高职高专"十二五"规划教材

化工仿真操作实训

王　强　主编
任丽静　主审

化学工业出版社

·北京·

本书重点介绍了常用化工单元操作系统的仿真培训使用方法，包括离心泵、压缩机、液位控制、列管式换热器、管式加热炉、锅炉、精馏塔、吸收与解吸、间歇釜式反应器、固定床反应器、流化床反应器共十一个实训项目，以及合成氨生产、常减压装置、乙醛氧化制醋酸生产三个过程。为配合职业教育和在职培训，在各培训单元中都安排有：工艺流程简介，主要设备，显示仪表及现场阀说明，冷态开车操作实训、停车操作实训、正常停车和事故处理，并配有带控制点的工艺流程图、仿 DCS 图、仿现场图及公用工程图，思考与分析。

本书可作为大中专院校、技工学校化工类专业学生和在职培训的化工厂操作工的实训教材，也可作为仪表及自动控制类专业学生的培训参考书。

图书在版编目（CIP）数据

化工仿真操作实训 / 王强主编. —北京：化学工业出版社，2014.7（2016.9 重印）
高职高专"十二五"规划教材
ISBN 978-7-122-20599-5

Ⅰ.①化…　Ⅱ.①王…　Ⅲ.①化学工业-计算机仿真-高等职业教育-教材　Ⅳ.①TQ015.9

中国版本图书馆 CIP 数据核字（2014）第 092030 号

责任编辑：张双进　窦　臻　　　　文字编辑：糜家铃
责任校对：陶燕华　　　　　　　　装帧设计：王晓宇

出版发行：化学工业出版社（北京市东城区青年湖南街 13 号　邮政编码 100011）
印　　装：大厂聚鑫印刷有限责任公司
787mm×1092mm　1/16　印张 9¼　字数 224 千字　2016 年 9 月北京第 1 版第 2 次印刷

购书咨询：010-64518888（传真：010-64519686）　售后服务：010-64518899
网　　址：http://www.cip.com.cn
凡购买本书，如有缺损质量问题，本社销售中心负责调换。

定　　价：24.00 元　　　　　　　　　　　　　　　　　　　　版权所有　违者必究

前　言

本书以仿真培训系统软件为载体，重点介绍了常用化工单元操作系统和典型化工产品及原料生产过程(工段级)的仿真操作实训，包括离心泵、压缩机、液位控制、列管式换热器、管式加热炉、锅炉、精馏塔、吸收与解吸、间歇釜反应器、固定床反应器、流化床反应器共十一个项目实训，以及合成氨生产、常减压装置、乙醛氧化制醋酸生产三个过程。为配合职业教育和在职培训，在各培训单元中都编有流程简介，主要设备、显示仪表和现场阀说明，冷态开车操作实训，停车操作实训，正常停车及事故处理，并配有带控制点的工艺流程图、仿DCS图、仿现场图及公用工程图等和思考与分析。

本书可作为大中专院校、技工学校化工类专业学生和在职培训的化工厂操作工人的实训教材，也可作为仪表和自动控制类专业学生培训的参考书。

本书由东营职业学院王强任主编，周迎红任副主编，河北化工医药职业技术学院任丽静任主审。具体编写分工如下：王强编写模块一；杭州和利时自动化有限公司王跃芹编写模块二；利华益集团张永刚编写模块三；山东丝绸纺织职业学院虞湛编写模块四；海科集团巩增利编写模块五；周迎红编写模块六；全书通稿工作由王强完成。北京东方仿真控制技术有限公司、海科集团、利华益集团的技术人员对本书的编写给予了大量的帮助。同时，在本书的编写过程中，得到了张艳阳、潘立祯、张西相、夏晓辉、张楠、孙文标、张春明、于春杉、陈理想、于良健等同志的大力支持，在此一并表示感谢！

由于作者水平有限，书中难免有不妥之处，恳请读者批评指正。

编　者
2014年2月

目 录

模块一 化工仿真预备知识 1
  项目一 概述 1
  项目二 仿真培训系统教师站的使用方法 3
  项目三 仿真培训系统学员站的使用方法 10
  项目四 学员站操作质量评分系统的操作方法 23

模块二 流体输送仿真操作实训 28
  项目一 离心泵仿真操作实训 28
    任务一 冷态开车操作实训 31
    任务二 正常停车操作实训 32
    任务三 正常工况与事故处理操作实训 32
  思考与分析 34
  项目二 压缩机仿真操作实训 34
    任务一 冷态开车操作实训 36
    任务二 正常停车操作实训 38
    任务三 正常工况与事故处理操作实训 38
  思考与分析 39
  项目三 液位控制系统仿真操作实训 39
    任务一 冷态开车操作实训 41
    任务二 正常停车操作实训 42
    任务三 正常工况与事故处理操作实训 42
  思考与分析 47

模块三 传热仿真操作实训 48
  项目一 列管式换热器仿真操作实训 48
    任务一 冷态开车操作实训 49
    任务二 正常停车操作实训 50
    任务三 正常工况与事故处理操作实训 50
  思考与分析 52
  项目二 管式加热炉仿真操作实训 52
    任务一 冷态开车操作实训 53
    任务二 正常停车操作实训 54
    任务三 正常工况与事故处理操作实训 55
  思考与分析 60
  项目三 锅炉仿真操作实训 60

任务一　冷态开车操作实训 ··· 63
　　任务二　正常停车操作实训 ··· 65
　　任务三　正常工况与事故处理操作实训 ··· 65
　思考与分析 ··· 69

模块四　传质分离仿真操作实训 ··· 70
　项目一　精馏塔仿真操作实训 ·· 70
　　任务一　冷态开车操作实训 ··· 72
　　任务二　正常停车操作实训 ··· 73
　　任务三　正常工况与事故处理操作实训 ··· 74
　思考与分析 ··· 76
　项目二　吸收与解吸仿真操作实训 ·· 76
　　任务一　冷态开车操作实训 ··· 79
　　任务二　正常停车操作实训 ··· 81
　　任务三　正常工况与事故处理操作实训 ··· 82
　思考与分析 ··· 85

模块五　典型反应器仿真操作实训 ··· 86
　项目一　间歇釜反应器仿真操作实训 ·· 86
　　任务一　冷态开车操作实训 ··· 87
　　任务二　正常停车操作实训 ··· 88
　　任务三　正常工况与事故处理操作实训 ··· 89
　思考与分析 ··· 91
　项目二　固定床反应器仿真操作实训 ·· 91
　　任务一　冷态开车操作实训 ··· 93
　　任务二　正常停车操作实训 ··· 94
　　任务三　正常工况与事故处理操作实训 ··· 94
　思考与分析 ··· 97
　项目三　流化床反应器仿真操作实训 ·· 97
　　任务一　冷态开车操作实训 ··· 99
　　任务二　正常停车操作实训 ··· 101
　　任务三　正常工况与事故处理操作实训 ··· 101
　思考与分析 ··· 103

模块六　典型化工生产仿真操作实训 ··· 104
　项目一　合成氨生产仿真操作实训 ·· 104
　　任务一　冷态开车操作实训 ··· 106
　　任务二　正常停车操作实训 ··· 107
　　任务三　正常工况与事故处理操作实训 ··· 110
　思考与分析 ··· 112
　项目二　常减压装置仿真操作实训 ·· 113

任务一　冷态开车操作实训 ·· 115
　　任务二　正常停车操作实训 ·· 121
　　任务三　事故处理操作实训 ·· 122
　思考与分析 ··· 124
项目三　乙醛氧化制醋酸生产仿真操作实训 ··· 126
　　任务一　冷态开车操作实训 ·· 131
　　任务二　正常停车操作实训 ·· 135
　　任务三　正常工况与事故处理操作实训 ·· 136
　思考与分析 ··· 139
参考文献 ·· 140

化工仿真预备知识

认识化工生产过程、DCS 系统、STS 仿真培训系统,了解相关知识;
能正确使用 STS 仿真培训系统。

注意严谨的学习态度和操作习惯的培养。

 项目一　　　　概　　述

一、辅助培训与教育

仿真技术在教学中的应用,尤其是在职业教育中的应用,更加显示出其优势。职业教育的目标是让学生既学会专业理论知识,又掌握专业应用技能。职业教学内容通常包括应知和应会两个方面,理论教学、实验教学和实习教学三个过程。

1. 理论教学

目标是让学生了解、掌握专业基础理论和专业应用知识,主要是应知部分内容的教学。目前国内各职业学校主要采用课堂形式的群体教学模式。如引用仿真技术与计算机辅助教学 CAI(computer assisted instruction)结合,既能弥补课堂教学中的不足,又能改善群体教学中无法适应学生个体差异的教学方式。CAI 软件对课堂教学中不易表现、描述、讲解的内容起到补充的作用,其图文声像并茂的效果还可大大提高课堂教学质量,缩短教学时间。

CAI 软件有课件、教件和导件之分:CAI 课件主要用于辅助课堂教学;CAI 教件主要用于辅助教师课堂教学,完成一堂课、一个章节乃至一门课程的教学;CAI 导件是在 CAI 课件、教件的基础上,形成的通用的教材库。老师可以根据课程及学生接受程度自行组织教件。

2. 实验教学

(1)可以开发出实际无法实现的仿真教学系统,来满足教学的需要。

(2)开发投资费用高的实验仿真教学系统,既能很好地满足实验教学的要求,又能减少教学投资。

(3)开发实验消耗很大的实验仿真教学系统,既达到了实验教学效果,又减少了教学中的消耗。

（4）实验仿真教学系统，除了代替真实的实验操作外还具有一些真实实验无法实现的功能和效果。

① 引入多媒体技术，可以形象生动地展示实验的原理、流程，仪器设备的结构特点、使用方法等；

② 可以自动跟踪记录学生做实验的全过程，给出一个科学、严谨的实验课程能力考核结果；

③ 能极大地提高学生做实验的兴趣和能动性，使实验教学效果更好；

④ 可以实现每人完成一个独立的实验全过程，效率非常高；

⑤ 可以开发出一个实验课程设计平台软件，让教师或学生自己设计一套实验。

3. 实习教学

目标是让学生通过接触客观实际，来了解和认识专业知识，更重要的是让学生了解和掌握专业知识在客观实际中的应用方法和应用技能，将所学专业知识与实践相结合。

采用仿真技术开发出一套逼真的实习仿真教学系统，让学生不出校门就能了解实际生产装置，并能亲自动手进行反复操作。使学生既能对生产实际有一个很好的认识，又能亲自动手来锻炼提高专业应用技能。本书的内容就是一种将仿真技术应用于实习教学的典型实例。

二、辅助设计

仿真技术用于工程设计已不是新概念。不同行业、不同领域，仿真技术用于辅助设计的侧重面不同，在化工过程领域通常有以下几个方面的应用：

（1）工艺过程设计方案的实验与优选；

（2）工艺参数的实验与优选；

（3）设备选型和参数设计的实验与优选；

（4）工艺过程设计开、停车方案的可行性实验与分析；

（5）自控系统方案设计的实验、优选及调试；

（6）联锁系统和自动开、停车系统设计方案的实验和分析。

三、辅助生产

在工业过程领域中，仿真技术辅助生产在大型工业过程中逐渐被采用，目前仿真技术辅助生产应用较多的有如下几个方面：

（1）装置开、停车方案的论证与优选；

（2）工艺和自控系统改造实验与方案的论证、分析；

（3）生产优化可行性实验与生产优化操作指导；

（4）事故预定实验与事故分析和处理方案的论证；

（5）紧急救灾方案实验与论证。

四、辅助研究

仿真技术用于辅助研究，也是一个老课题，近年来，随着计算机硬件和软件技术的发展，其越来越受人们的重视，在以下几个方面仿真技术应用于研究已收到了很好的效果。

（1）计算机流体学，尤其在航空、航天领域进行了很深入的应用，也取得了非常好的效果；

（2）分子工程研究中的仿真技术与实验；

（3）化工新工艺研究与实验，采用仿真技术完成炼油、化工等过程新工艺的研究和从小试、中试到工业规模的实验方法研究与实验。

 **项目二　仿真培训系统教师站的使用方法**

一、教师站与学员站的网络连接

教师站和学员站的连接使用 TCP/IP 协议,当教师站启动时,在局域网中广播自己的位置及其他设定的信息,学员站根据这些信息连接教师站。

1. 启动教师站软件

单击"文件"菜单中的"服务器设置",可以设置教师站信息,如图 1-1 所示。

单击"确定"按钮,该设置生效。系统会记住这些设置,直到重新修改。

如果原来的电脑中装过教师站,请重新设置最大学生数(学员站数量)。

图 1-1　教师站设置

2. 启动教师站

单击"文件"菜单中的"启动服务器",或直接单击启动图标,启动教师站,如图 1-2 所示。

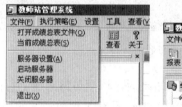 

图 1-2　启动教师站

启动教师站之后,教师站在局域网中注册完毕。右侧列表中每一行代表一个学员站信息,如图 1-3 所示。实际操作中灰色表示该学员站未登录。

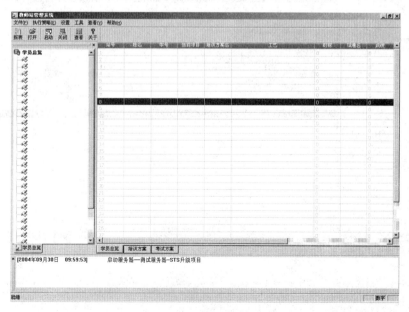

图 1-3　教师站注册完毕

3. 学员站登录

启动学员站，选择网络运行，将会出现如图 1-4 所示的学员站登录界面，在列表中选择所要连接的教师站，单击"连接教师站"按钮连接教师站。

图 1-4　学员站登录连接教师站

如图 1-5 所示，学员站登录并连接教师站之后，该学员站对应的行改变颜色（实际操作中变为蓝色），表示学员站已经连接上教师站，但还没有收到教师站的培训或考核命令，处于等待状态。

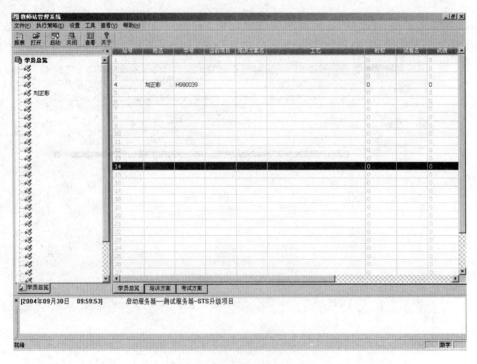

图 1-5　学员站已连接到教师站

如图 1-6 所示,在列表中选择该学员站,单击鼠标右键出现一栏菜单,选择"启动培训"或"开始考试"命令,并按图 1-7 所示选择培训或考核的策略,选择启动,学员站和教师站的连接建立完毕。连接完毕后,学员站改变颜色(见图 1-8)。实际操作中变为绿色,表示学员站处于正常工作状态,学员可选择培训项目或考试项目进行操作。

图 1-6 启动培训或开始考试

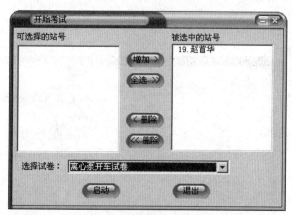

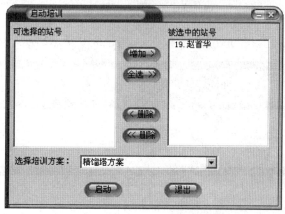

图 1-7 选择培训或考核策略

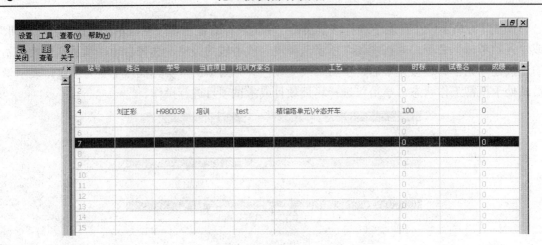

图 1-8　学员站与教师站连接完毕

4. 终止连接

教师站选择"终止/交卷"命令（见图 1-9）或学员站自己关闭，将导致学员站和教师站之间的连接终止。

图 1-9　终止学员站与教师站连接

连接终止后，学员站所在的颜色发生改变，如图 1-10 所示，实际操作中变为红色。

图 1-10　终止连接后的状态

二、教师站其他功能介绍

1. 网络连接——预先设置

学员站未连接时，可以按照图 1-11 所示预先设置学员站模式。

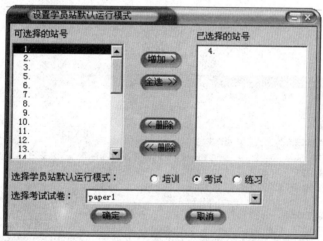

图 1-11　设置学员站模式

预先设置模式后，学员站进行连接时，直接采用设置好的模式运行，无需再经过等待状态。

2. 教师站培训模式、考核模式设置

教师站与学员站的连接控制模式分为培训模式和考核模式两种。

（1）培训模式　教师站选择学员站可运行的工艺，学员站可在这些工艺中自行选择其中之一运行。教师站定时获得学员站的成绩信息。单击"培训方案"按钮，可查看现有的培训方案，如图 1-12 所示。

单击"添加方案"、"删除方案"、"修改方案"按钮可以进行相应的操作。对这些方案的操作包括对学员站授权学员站可运行的工艺、风格等（见图 1-13）。

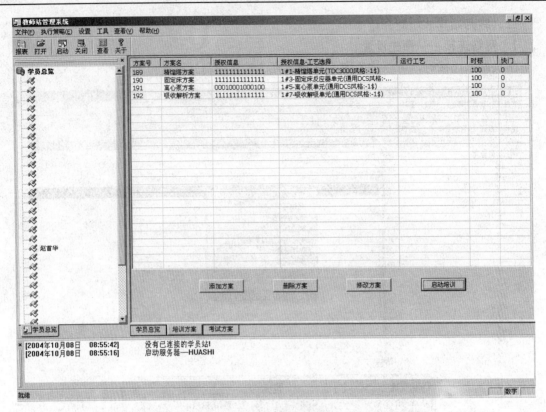

图 1-12 培训方案

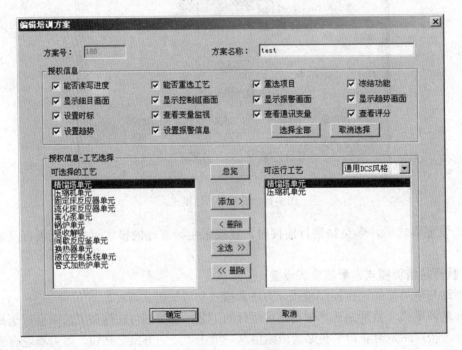

图 1-13 添加或修改方案

(2) 考核模式　教师站设定好一系列按时间进行的工艺或思考题。学员站按照设定好的顺序依次执行, 并将每一项的成绩提交到教师站。

单击"考试方案"按钮，可查看现有的考试方案，如图1-14所示。

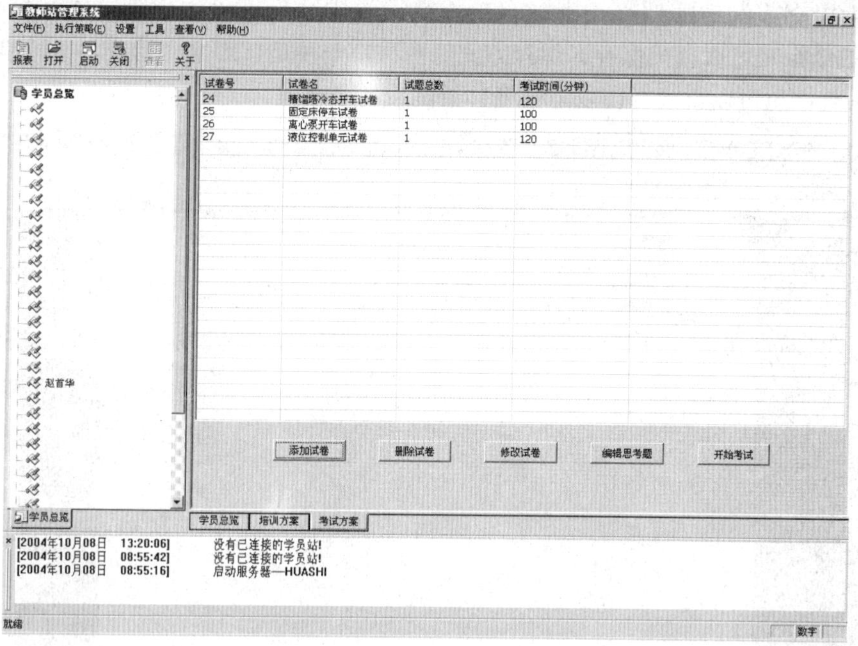

图1-14 考试方案

在考试方案的设置中包括"添加试卷"、"删除试卷"、"修改试卷"、"编辑思考题"等。

单击"添加试卷"或"修改试卷"按钮弹出如图1-15所示的对话框，在对话框中选择所要添加或进行编辑的工艺，可以新建试卷或对已有的试卷进行设置或修改。这些设置包括"试卷名称"、"选择项目"、"选择时标"、"选择运行风格"、"本题完成时间"等，这些内容在教师站设置好后，当学员站和教师站建立连接完毕后就会按照教师站内所设置的方式进行考试，在考试期间学员对以上这些内容无法擅自修改。

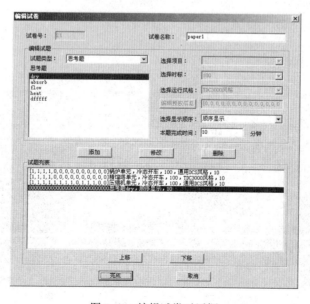

图1-15 编辑试卷对话框

3. 学员成绩管理

在学生提交或经教师站终止考试自动提交试卷成绩后可以生成学员成绩报表（见图1-16）。此成绩报表可以直接保存。保存方式有两种，一种是普通文档形式，一种是Excel表格形式。另外，也可以直接打印以方便老师查阅或备录在案。

图1-16　学员成绩报表

 **项目三　仿真培训系统学员站的使用方法**

一、仿真培训软件 STS 学员站的启动

1. 启动

运行程序 AD500u.exe，弹出运行界面（见图1-17）。

图1-17　系统启动界面

2. 运行方式选择

系统启动界面出现之后会出现主界面（见图1-18），在这里操作者可选择系统运行方式，包括"单机运行"、"网络运行"，单机运行是在没有连接教师站的情况下运行系统，而网络运行一般用于对学生学习成绩的考核，可将学生成绩提交到教师站，由教师对学生成绩统一评定和管理。另外还可以单击"帮助"按钮了解 PISP-2000 操作系统的相关知识，帮助操作者熟练掌握操作方法。单击"关于"按钮可登录北京东方仿真控制技术有限公司的网址查看该公司的产品等。

图 1-18 PISP-2000 主界面

3. 培训工艺选择

单击图 1-19 所示对话框中的"培训工艺"，在右边的列表里会出现 STS 培训系统包括的所有的工艺，可单击或双击选择所要练习和考核的工艺。若单击后，需要先点击右框列表中的培训项目，然后再在右框中再选培训项目；若双击，则可直接在右框中选择培训项目。

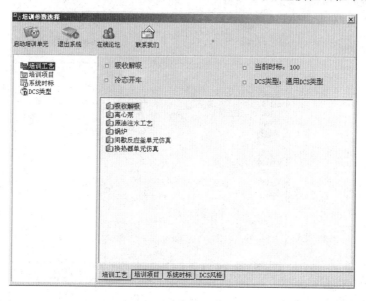

图 1-19 培训工艺选择

4. 培训项目选择

在"培训项目"列表里选择所要运行的项目（见图1-20）。

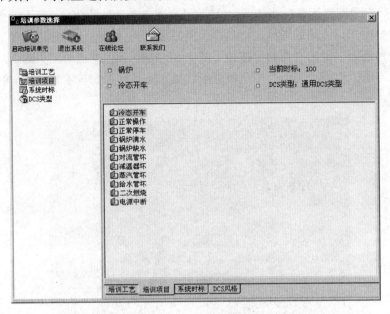

图1-20　培训项目选择

5. 系统时标选择

　　单击左框列表中的"系统时标"，在右框中会出现相应的时标列表，单击选择所需要的时标（见图1-21）。通常情况下，默认时标为100，时标越大，完成操作所需要的相对时间就越短。

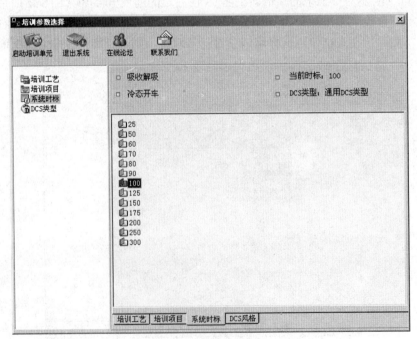

图1-21　系统时标选择

6. DCS 类型选择

选择所要运行的 DCS 类型,包括"通用 DCS 风格"和"TDC3000 风格",单击选中,然后单击"启动培训单元"进入运行系统进行操作(见图 1-22)。

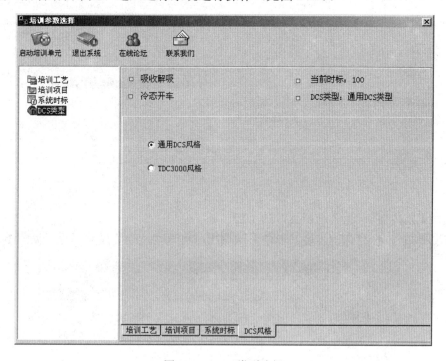

图 1-22 DCS 类型选择

二、程序主界面
1. 菜单介绍

(1)"工艺"菜单(见图 1-23) "工艺"菜单包括"当前信息总览"、"重做当前任务"、"培训项目选择"、"切换工艺内容"、"进度存盘"、"进度重演"、"冻结"、或"解冻"、"系统退出"。

当前信息总览:显示当前信息(见图 1-24)。

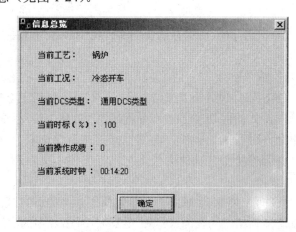

图 1-23 "工艺"菜单　　　　图 1-24 "当前信息总览"

"重做当前任务"：重新启动当前项目（见图 1-25）。

"培训项目选择"：可重新选择工况、重新设置时标，所有的相关信息都将被重新设置（见图 1-26）。

图 1-25 "重做当前任务"　　　　　图 1-26 工况选择对话框

"切换工艺内容"：重新选择运行的工艺。

"进度存盘"：保存当前进度，以便下次调用时可直接从当前进度运行（见图 1-27）。

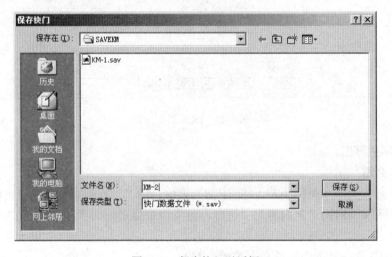

图 1-27 保存快门对话框

"进度重演"：读取所保存的快门文件（*.sav），可直接从所保存的进度开始运行程序（见图 1-27）。

"冻结"或"解冻"：工艺仿真模型处于"冻结"状态时，不进行工艺模型的计算。相应地，仿真 DCS 软件也处于"冻结"状态，不接受任何工艺操作（即任何工艺操作视为无效）。而其他操作，如画面切换等，不受程序冻结的影响。程序冻结相当于暂停，所不同的是，它只是不允许进行工艺操作，而其他操作并不受影响。这一功能在教师统一讲解时非常有用，既不会因停止工艺操作而使工艺指标失控，又不影响翻看其他画面。"系统退出"：退出程序。

（2）"画面"菜单　"画面"菜单包括程序中的所有画面。选择菜单项（或按相应的快捷键）可以切换到相应的画面（见图 1-28），单击其中的"细目画面"后弹出一个对话框，在对话框中输入一个点名可以进入到一个显示关于此点所有信息的画面（见图 1-29）。

模块一 化工仿真预备知识 15

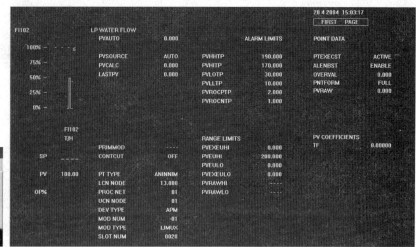

图 1-28 "画面"菜单　　　　　　　　　图 1-29 "细目画面"

（3）"设置"菜单（见图 1-30）　"设置"菜单可以用来对控制组、趋势、报警、仿真时钟、辅助界面进行设置。"控制组设置"：不可用。

"趋势设置"：可以在对话框里重新设置需要显示趋势的点，在趋势画面里就可以查看自己所设置的点的趋势，但是再次启动系统时，所设置的点将被更新，仍为系统中原来所设置的内容（见图 1-31）。

图 1-30 "设置"菜单　　　　　　　　　图 1-31 "趋势设置"

"报警设置"：可以在对话框里重新设置报警点的上、下限等，但是再次启动系统时，所设置的点将被更新，仍为系统中原来所设置的内容（见图 1-32）。

"仿真时钟设置"：即时标设置，设置仿真程序运行的时标。选择该项会弹出设置时标对话框（见图 1-33）。时标以百分制表示，默认为 100%，选择不同的时标可加快或减慢系统运行的速度，系统运行的速度与时标成正比。

"辅助界面设置"：该选项可选择需要播放的辅助文档（文档可以是 word 文件或是动画，支持的格式比较广泛），加载后就可随时单击"画面"菜单中的"辅助界面"播放所加载的文档。

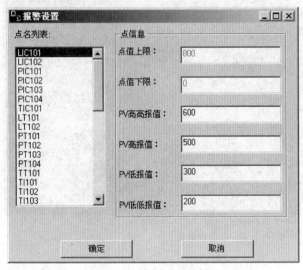

图 1-32 "报警设置"

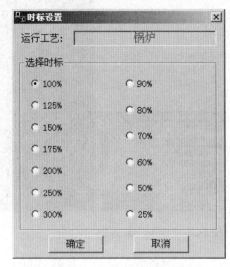

图 1-33 "仿真时钟设置"

（4）"工具"菜单（见图 1-34）

"学员信息"：不可用。

"变量监视"：监视变量。可实时监视变量的当前值，查看变量所对应的流程图中的数据点以及对数据点的描述和数据点的上、下限（见图 1-35）。

图 1-34 工具菜单　　　　　　　　　　图 1-35 "变量监视"

"变量监视"中有"文件"菜单、"查询"菜单、"组态"菜单和"帮助"菜单。

"文件"菜单:"文件"菜单中有"通讯方式"、"存快门"、"读快门"、"存点库数据"、"存模型数据"、"读模型数据"等,这些不用于操作,所以操作者不必掌握。

"查询"菜单(见图 1-36):查询菜单中有几种查询方法,下面将作详细介绍。

①"显示所有"即显示所有的变量;

②"ID 号查询"是根据变量的排列顺序号来查询所要查找的变量及其相关内容(见图 1-37);

图 1-36 "查询"菜单　　　　　　　　图 1-37 "ID 号查询"

③"位号查询"即根据流程图中的数据点名称来查询(见图 1-38);

图 1-38 "位号查询"

④"变量查询"是根据模型中所定义的与数据点对应的变量来查询(见图 1-39)。

(5)"帮助"菜单(见图 1-40)"帮助"菜单包括"帮助主题"、"产品论坛"、"产品反馈"、"主页"、"关于"。

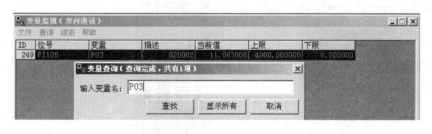

图 1-39 "变量查询"　　　　　　　　图 1-40 "帮助"菜单

①"帮助主题":可以查看相关帮助。

②"产品论坛":可以登录网页 http://greatniu.w113.leoboard.com/cgi-bin/leoboard.cgi 进行交流。

③"产品反馈":可以把对产品的意见 E-mail 给生产商,不管是赞成的还是提出批评的,以便生产商及时修正缺点,给广大用户一个最满意的产品。

④ "主页":可以登录公司的主页http://www.besct.com了解公司的相关信息和其他产品。

2. 画面介绍

(1) 流程画面　流程画面是主要的操作界面,包括流程图、显示区域和可操作区域。

显示区域用来显示流程中的工艺变量值。显示区域又可分为数字显示区域和图形显示区域。数字显示区域相当于现场的数字仪表(见图1-41)。图形显示区域相当于现场的显示仪表(见图1-42)。

图1-41　数字显示区域

图1-42　图形显示区域(罐外液柱)

可操作区域又称为触屏,当光标移到上面时会变成 ,表示可以操作。单击时会根据所操作的元素不同有不同的效果,如单击 TO DCS 按钮可以切换到 DCS 图,但是对于不同风格的操作系统,即使所操作的元素相同也会出现不同的效果。

① 对于通用 DCS 风格的操作系统包括:弹出不同的对话框、显示控制面板等。现场图中出现的对话框的标题为所操作区域的工位号及描述。对话框一般包括图1-43、图1-44所示的两种形式。

图1-43　弹出对话框1

图1-44　弹出对话框2

图1-45　控制面板

对话框 1 一般用来设置泵的开关、阀门开关等一些开关形式（即只有是与否两个值）的量。单击"开（ON）"或"关（OFF）"按钮文本框内会显示确认的信息。

对话框 2 一般用来设置阀门开度或其他非开关形式的量。上面的文本框内显示该变量的当前值。在下面的文本框内输入想要设置的值，然后按"ENTER"键即可完成设置，如果没有按"ENTER"键而单击了对话框右上角的关闭按钮，则设置将无效。

在 DCS 图中会出现控制面板（见图 1-45），在控制面板中显示所控制变量参数的测量值、给定值、当前输出值、手动或自动方式等，可以切换手动和自动方式，在手动方式下设定输出值，另外还有串级方式设定。

② 对于 TDC3000 风格的操作系统包括：在流程图下面显示操作区。操作区内包括所操作区域的工位号及描述。操作区有图 1-46～图 1-48 所示的三种形式。

操作区 1 一般用来设置泵的开关、阀门开关等一些开关形式（即只有是与否两个值）的量。单击"OP"会出现"OFF"和"ON"两个框，执行完开或关的操作后单击"ENTER"，"OP"下面会显示操作后的新信息，单击"CLR"将会清除操作区。

操作区 2 一般用来设置阀门开度或其他非开关形式的量。"OP"下面显示该变量的当前值。单击"OP"则会出现一个文本框，在该文本框内输入想要设置的值，然后按"ENTER"键即可完成设置，单击"CLR"将会清除操作区。

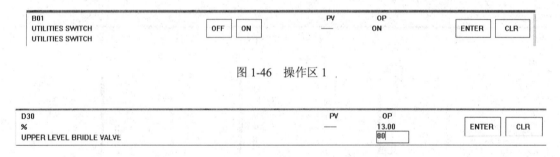

图 1-46　操作区 1

图 1-47　操作区 2

在 DCS 图中会出现操作区 3，该操作区主要是显示控制回路中所控制的变量参数的测量值、给定值、当前输出值、手动或自动方式等，可以切换手动和自动方式，在手动方式下设定输出值等，其操作方式与前面所述的两个操作区相同。

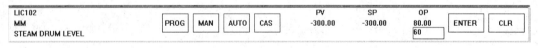

图 1-48　操作区 3

（2）控制组画面　控制组画面包括流程中所有的控制仪表和显示仪表（见图 1-49、图 1-50），不管是 TDC3000 还是通用的 DCS，都与它们在流程画面里所介绍的功能和操作方式相同。

（3）报警画面　选择"报警"菜单中的"显示报警列表"，将弹出报警列表窗口（见图 1-51）。报警列表显示了"报警时间"、"报警点名"、"报警点描述"、"报警类型"、"报警值"及其他信息。

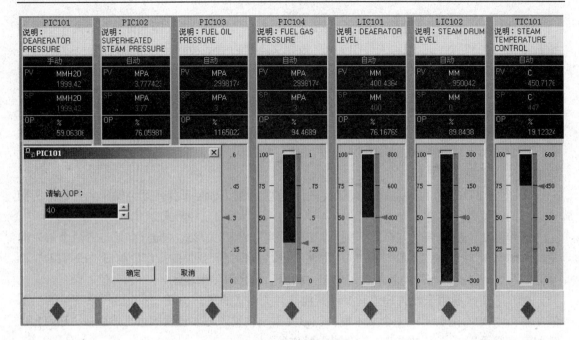

图 1-49　DCS 风格控制组

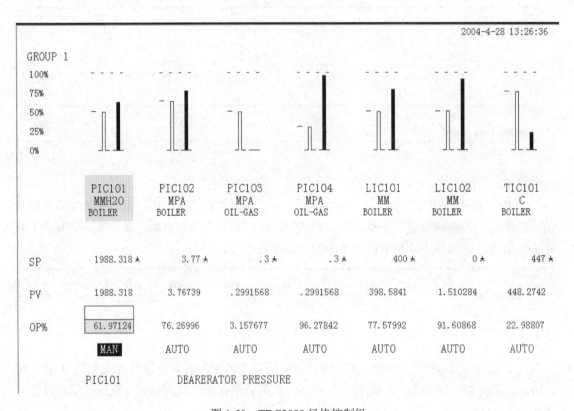

图 1-50　TDC3000 风格控制组

(4) 趋势画面

① 通用 DCS：在"趋势"菜单中选择某一菜单项，会弹出如图 1-52 所示的趋势画面，该画面可同时显示 8 个点的当前值和历史趋势。

编号	报警时间	报警点名	报警点描述	报警类型	报警值	报警限
1	13:39:11	TT101	ANALOG INPUT OF TIC101	PVHI	461.31	
2	13:39:10	TIC101	STEAM TEMPERATURE CONTROL	PVLL	411.66	
3	13:39:09	TIC101	STEAM TEMPERATURE CONTROL	PVLO	419.95	

图 1-51 报警列表

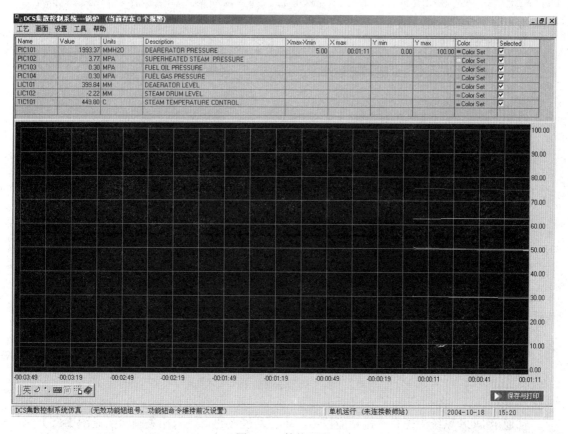

图 1-52 趋势画面

② 如图 1-53 所示，趋势画面的上半部分共有 10 列，分别是点名、点当前值、单位，对应点的描述、历史趋势的显示时间、当前显示的趋势的时间、纵坐标最小值、纵坐标最大

值、各点趋势画线的颜色、选择该点趋势是否显示。

Name	Value	Units	Description	Xmax-Xmin	X max	Y min	Y max	Color	Selected
PIC101	1993.37	MMH2O	DEARERATOR PRESSURE	5.00	00:01:11	0.00	100.00	Color Set	✓
PIC102	3.77	MPA	SUPERHEATED STEAM PRESSURE					Color Set	✓
PIC103	0.30	MPA	FUEL OIL PRESSURE					Color Set	✓
PIC104	0.30	MPA	FUEL GAS PRESSURE					Color Set	✓
LIC101	399.84	MM	DEAERATOR LEVEL					Color Set	✓
LIC102	-2.22	MM	STEAM DRUM LEVEL					Color Set	✓
TIC101	449.80	C	STEAM TEMPERATURE CONTROL					Color Set	✓

图 1-53 趋势画面主要内容介绍

其中，历史趋势的显示时间即为当前画面所能显示的历史趋势时间，默认值为 20.00 即可显示 20min 的历史趋势，这个时间也可由操作者改变，双击时间栏，输入所需要的值，按"ENTER"键即可；当前显示的趋势的时间即趋势线最右端所对应的时间，为当前趋势的时间；纵坐标的最小默认值为 0.00，若有点的数值小于 0.00，则显示不出此刻的趋势，操作者可根据点值的大小改变纵坐标最小值，从而可以查看所有的趋势；纵坐标最大值应用方法同纵坐标最小值；操作者可根据各点趋势画线的颜色方便快速地查找到所要查看的点的趋势线；系统默认的是显示所有点的趋势，所以最后一列全为对钩，如果操作者只想查看其中一个点或某几个点的趋势，则可去掉其他点所对应的对钩。

（5）动画演示画面 可以单击查看与单元结构相关的多媒体播放（见图 1-54）。

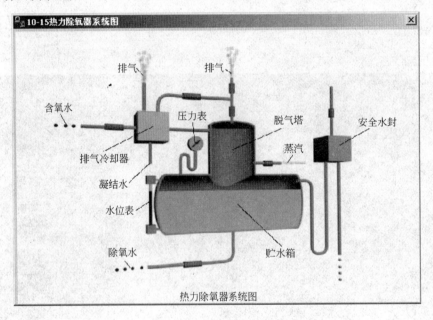

图 1-54 动画演示

在通用 DCS 系统中还有两排功能按钮，单击功能按钮可进入相关画面（见图 1-55）。

供气系统DCS图	供气系统FIELD图	燃气系统DCS图	燃气系统FIELD图	公用工程图
控制组	趋势画面	动画演示		

图 1-55 功能按钮

三、退出系统

直接关闭流程图窗口和评分文件窗口都会退出系统,另外,还可在"工艺"菜单中单击"系统退出"退出系统。

项目四 学员站操作质量评分系统的操作方法

启动 STS 系统进入操作平台,同时也就启动了过程仿真系统平台 PISP-2000 评分系统,评分系统界面如图 1-56 所示。

过程仿真系统平台 PISP-2000 评分系统是智能操作指导、诊断、评测软件(以下简称智能软件),它通过对用户的操作过程进行跟踪,在线为用户提供如下功能。

1. 操作状态指示

将当前操作步骤和操作质量所进行的状态以不同的图标表示出来(图 1-57 所示为本操作系统中所用的图标说明)。

(1)操作步骤状态图标及提示

图标◆:表示此过程的起始条件没有满足,该过程不参与评分。

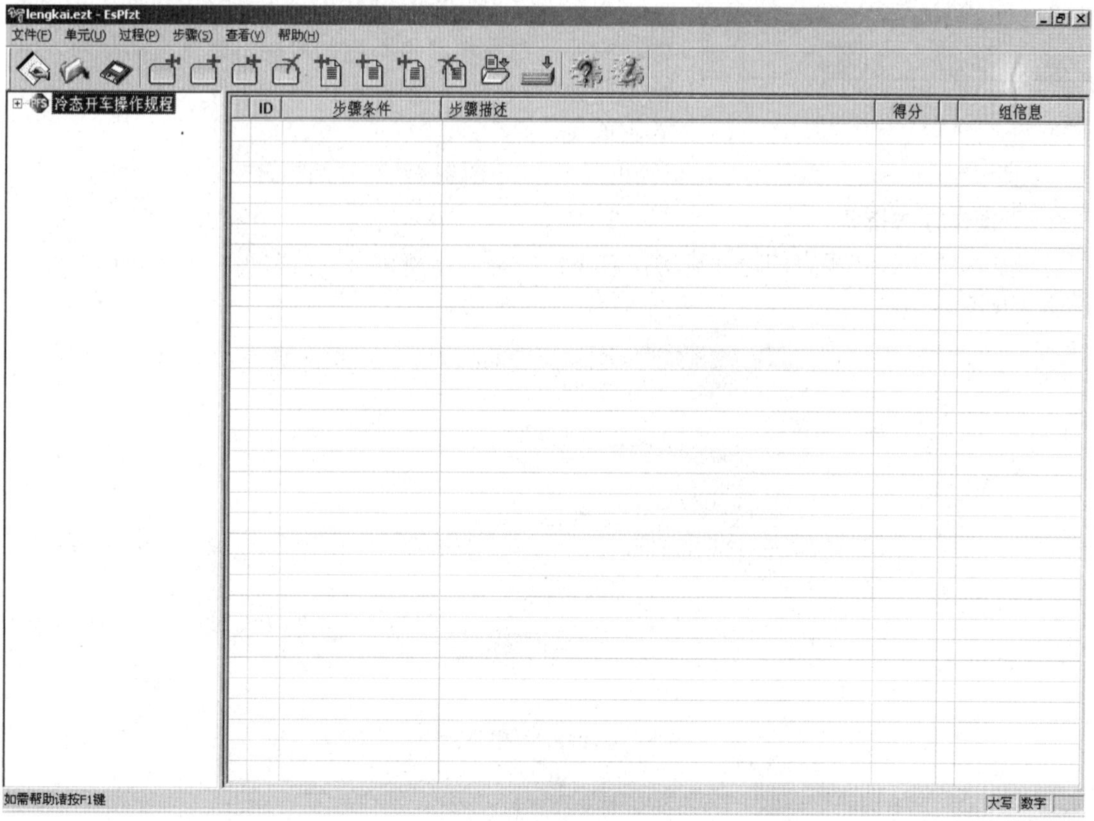

图 1-56 评分系统界面

图标◆:表示比过程的起始条件满足,开始对过程中的步骤进行评分。

图标●:为普通步骤,表示此步还没有开始操作,也就是说还没有满足此步的起始条件。

图标 ◎：表示此步已经开始操作，但还没有操作完，也就是说已满足此步的起始条件，但此操作步骤还没有完成。

图标 ✓：表示此步操作已经结束，并且操作完全正确（得分等于100%）。

图 1-57　图标说明

图标 ✗：表示此步操作已经结束，但操作不正确（得分为 0）。

图标 ○：表示过程终止条件已满足，此步操作无论是否完成都被强迫结束。

（2）操作质量图标及提示

图标 ☐：表示这条质量指标还没有开始评判，即起始条件未满足。

图标 ▦：表示起始条件满足，此步骤已经开始参与评分，若本步评分没有终止条件，则会一直处于评分状态。

图标 ○：表示过程终止条件已满足，本步操作无论是否完成都被强迫结束。

图标 ⬚：在 PISP-2000 的评分系统中包括了扣分步骤，主要是当操作严重不当，可能引起重大事故时，从已得分数中扣分，此图标表示起始条件不满足，即还没有出现失误操作。

图标 ⬚：表示起始条件满足，已经出现严重失误的操作，开始扣分。

2. 操作方法指导

可在线给出操作步骤的指导说明，对操作步骤的具体实现方法给出一个文字性的操作说明（见图1-58）。

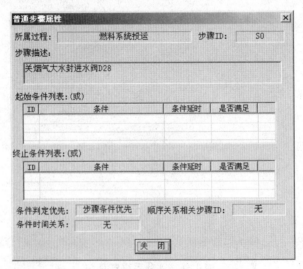

图 1-58　操作步骤说明 1

3. 操作诊断及诊断结果指示

实时对操作过程进行跟踪检查，并根据用户组态结果对其进行诊断，将错误的操作过程或操作动作——说明，以便用户对这些错误操作查找原因从而及时纠正或在今后的训练中进行改正及重点训练（见图1-59）。

图1-59　操作步骤说明2

4. 作评定及生成评定结果

实时对操作过程进行评定，对每一步进行评分，并给出整个操作过程的综合得分，还可根据需要生成评分文件。

5. 其他辅助功能

PISP-2000评分系统除以上功能外还具有其他一些辅助功能。

（1）学院最后的成绩可以生成成绩列表，成绩列表可以保存也可以打印。如图1-60所示，单击"浏览"菜单中的"成绩"就会弹出如图1-61所示的对话框，此对话框包括学员资料、总成绩、各项成绩及操作步骤得分的详细说明。

图1-60　成绩列表图

（2）单击"文件"菜单中的"打开"可以打开以前保存过的成绩单，单击"保存"可以保存新的成绩单覆盖原来旧的成绩单，单击"另存为"则不会覆盖原来保存过的成绩单（见图1-62、图1-63）。

（3）如图1-64所示单击"文件"中的"组态"，就会弹出如图1-65所示的对话框，在该对话框中可以对评分内容重新组态，包括操作步骤、质量评分、所得分数等。

图 1-61　学员成绩单

图 1-62　"文件"菜单

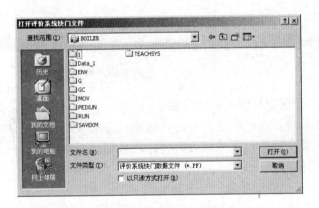

图 1-63　打开成绩单

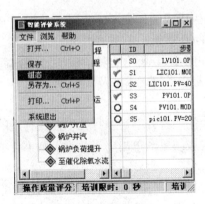

图 1-64　"组态"窗口

图 1-65 "组态"对话框

（4）可直接单击"文件"菜单中的"系统退出"退出操作系统。

（5）如图 1-66 所示，单击"光标说明"可弹出对话框，查看相关的光标说明，帮助操作者进行操作。

图 1-66 单击"光标说明"

流体输送仿真操作实训

了解流体输送的方式；
熟悉离心泵、压缩机等输送流体的原理；
掌握流体输送中常见的故障和故障产生的原因。

熟练进行离心泵、压缩机的开车和停车操作；
熟练进行事故的判断与排除。

 离心泵仿真操作实训

一、工作原理简述

在工业生产和国民经济的许多领域，常需对液体进行输送或加压，能完成此类任务的机械称为泵。而其中靠离心作用实现的称为离心泵。离心泵具有结构简单、性能稳定、检修方便、操作容易和适应性强等特点，在化工生产中应用十分广泛，据统计超过液体输送设备的80%。所以，离心泵的操作是化工生产中最基本的操作。

离心泵由吸入管、排出管和离心泵主体组成。离心泵主体分为转动部分和固定部分。转动部分由电动机带动旋转，将能量传递给被输送的部分，主要包括叶轮和泵轴。固定部分包括泵壳、导轮、密封装置等。叶轮是离心泵中使液体接受外加能量的部件。泵轴的作用是把电动机的能量传递给叶轮。泵壳是通道截面积逐渐扩大的蜗形壳体，它将液体限定在一定的空间里，并将液体大部分动能转化为静压能。导轮是一组与叶轮旋转方向相适应，且固定于泵壳上的叶片。密封装置的作用是防止液体泄漏或空气倒吸入泵内。

启动灌满被输送液体的离心泵后，在电动机的作用下，泵轴带动叶轮一起旋转，叶轮的叶片推动其间的液体转动，在离心力的作用下，液体被甩向叶轮边缘并获得动能。液体在导轮的引领下沿流通截面积逐渐扩大的泵壳流向排出管，流速逐渐降低，而静压能增大。排出管的增压液体经管路即可送往目的地。与此同时，叶轮中心因为液体被甩出而形成一定的真空，贮槽液面上方压强大于叶轮中心处，在压力差的作用下，液体不断从吸入管进入泵内，以填补被排出的液体位置。因此，只要叶轮不断旋转，液体便不断地被吸入和排出。可

见，离心泵之所以能输送液体，主要是依靠高速旋转的叶轮。

离心泵的操作中有两种现象应当避免：气缚和汽蚀。

气缚是指在启动泵前泵内没有灌满被输送的液体，或在运转过程中泵内渗入了空气，因为气体的密度小于液体，产生的离心力小，无法把空气甩出去，导致叶轮中心所形成的真空度不足以将液体吸入泵内，尽管此时叶轮在不停地旋转，却由于离心泵失去了自吸能力而无法输送液体。

汽蚀是指当贮槽液面的压力一定时，如叶轮中心的压力降低到等于被输送液体当前温度下的饱和蒸气压时，叶轮进口处的液体会出现大量的气泡，这些气泡随液体进入高压区后又迅速被压碎而凝结，致使气泡所在空间形成真空，周围的液体质点以极大的速度冲向气泡中心，造成瞬间冲击压力，从而使得叶轮部分很快损坏，同时伴有泵体振动，发出噪声，泵的流量、扬程和效率明显下降。

二、工艺流程简介

离心泵是化工生产过程中输送液体的常用设备之一，其工作原理是靠离心泵内外压力差不断地吸入液体，靠叶轮的高速旋转使液体获得动能，靠扩压管或导叶将动能转化为压力，从而达到输送液体的目的。

来自某一设备约40℃的带压液体经调节阀 LV101 进入带压罐 V101，罐液位由液位控制器 LIC101 通过调节 V101 的进料量来控制；罐内压力由 PIC101 分程控制，PV101A、PV101B 分别调节进入 V101 和出 V101 的氮气量，从而保持罐压恒定在 5.0atm(表)（1atm=101325Pa）。罐内液体由泵 P101A 和 P101B 抽出，泵出口流量在流量调节器 FIC101 的控制下输送到其他设备。

离心泵 PID 工艺流程如图 2-1 所示，离心泵 DCS 流程如图 2-2 所示，离心泵现场如图 2-3 所示。

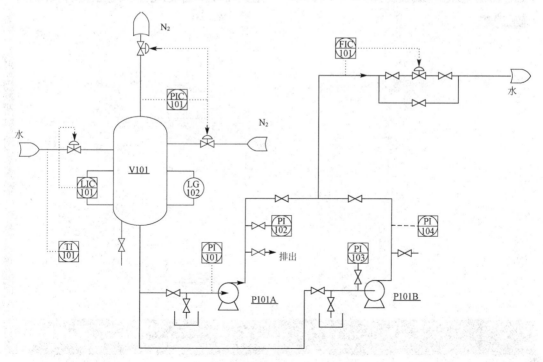

图 2-1 离心泵 PID 工艺流程图

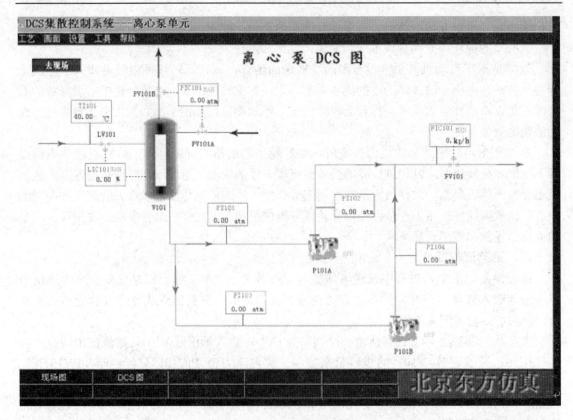

图 2-2 离心泵 DCS 流程图

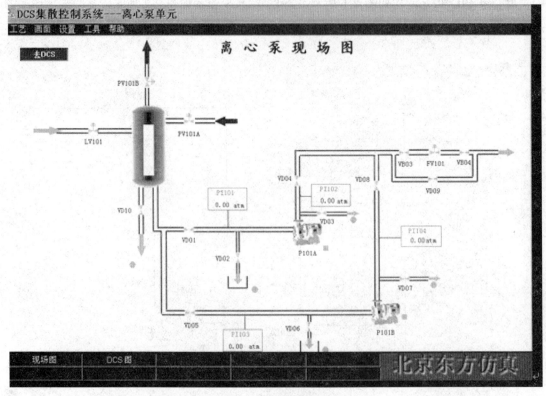

图 2-3 离心泵现场图

三、主要设备、仪表

1. 主要设备

主要设备如表 2-1 所示。

表 2-1 主要设备一览表

设备位号	设备名称
P101A	离心泵 A（工作泵）
P101B	离心泵 B（备用泵）
V101	带压液体贮罐

2. 仪表及报警说明

仪表及报警说明如表 2-2 所示。

表 2-2 仪表及报警说明一览表

位号	说明	类型	正常值	量程上限	量程下限	工程单位
FIC101	离心泵出口流量	PID	20000	40000	0	kg/h
LIC101	V101 液位控制系统	PID	50	100	0	%
PIC101	V101 压力控制系统	PID	5	10	0	atm(G)
PI101	泵 P101A 入口压力	AI	4	20	0	atm(G)
PI102	泵 P101A 出口压力	AI	12	30	0	atm(G)
PI103	泵 P101B 入口压力	AI		20	0	atm(G)
PI104	泵 P101B 出口压力	AI		30	0	atm(G)
TI101	进料温度	AI	50	100	0	℃

任务一 冷态开车操作实训

一、准备工作

（1）盘车；

（2）核对吸入条件；

（3）调整填料或机械密封装置。

二、罐 V101 充液、充压

1. 罐 V101 充液

（1）打开 LIC101 调节阀，开度约为 30%，向 V101 罐充液；

（2）当 LIC101 的开度达到 50%时，LIC101 设定 50%,投自动。

2. 罐 V101 充压

（1）待 V101 罐液位高于 5%后，缓慢打开分程压力调节阀 PV101A 向 V101 罐充压；

（2）当压力升高到 5.0atm 时，PIC101 设定 5.0 atm,投自动。

三、启动泵前准备工作

1. 灌泵

待 V101 罐充压充到正常值 5.0atm 后，打开 P101A 泵入口阀 VD01，向离心泵充液，观察 VD01 出口标志变为绿色后，说明灌泵完毕。

2. 排气

（1）打开 P101A 泵后排气阀 VD03 排放泵内不凝性气体；

（2）观察 P101A 泵后排气阀 VD03 的出口，当有液体溢出时，显示标志变为绿色，标志着 P101A 泵已无不凝性气体，关闭 P101A 泵后排气阀 VD03，启动离心泵的准备工作已经就绪。

四、启动离心泵

1. 启动离心泵

启动 P101A(或 P101B)泵。

2. 流体输送

（1）待 PI102 指示值比入口压力大 1.5~2.0 倍后，打开 P101A 泵出口阀(VD04)；
（2）将 FIC101 调节阀的前阀、后阀打开；
（3）逐渐开大调节阀 FIC101 的开度，使 PI101、PI102 趋于正常值。

3. 调整操作参数

微调 FV101 调节阀，在测量值与给定值的相对误差在 5%范围内且较稳定时，FIC101 设定到正常值，投自动。

任务二　正常停车操作实训

一、V101 罐停进料

LIC101 置手动，并手动关闭调节阀 LV101，停 V101 罐进料。

二、停泵

（1）待罐 V101 液位低于 10%时，关闭 P101A(或 P101B)泵的出口阀(VD04)；
（2）停 P101A 泵；
（3）关闭 P101A 泵前阀 VD01；
（4）FIC101 置手动并关闭调节阀 FV101 及其前、后阀(VB03、VB04)。

三、泵 P101A 泄液

打开泵 P101A 泄液阀 VD02，观察 P101A 泵泄液阀 VD02 的出口，当不再有液体泄出时，显示标志变为红色，关闭 P101A 泵泄液阀 VD02。

四、V101 罐泄压、泄液

（1）待罐 V101 液位低于 10%时，打开 V101 罐泄液阀 VD10；
（2）待 V101 罐液位低于 5%时，打开 PIC101 泄压阀；
（3）观察 V101 罐泄液阀 VD10 的出口，当不再有液体泄出时，显示标志变为红色，待罐 V101 液体排净后，关闭泄液阀 VD10。

任务三　正常工况与事故处理操作实训

一、正常工况操作实训

正常工况操作参数指标见表 2-3。

表 2-3　正常工况操作参数指标

位号	正常指标	备注
PI102	12.0atm	P101A 泵出口压力
LIC101	50.0%	V101 罐液位
PIC101	5.0atm	V101 罐内压力
FIC101	20000kg/h	泵出口流量

二、事故处理操作实训

可任意改变泵、按键的开关状态,手动阀的开度及液位调节阀、流量调节阀、分程压力调节阀的开度,观察其现象。

P101A 泵功率　　　正常值:15kW
FIC101 量程　　　　正常值:20t/h

1. P101A 泵坏

现象:

(1) P101A 泵出口压力急剧下降;

(2) FIC101 流量急剧减小。

处理:切换到备用泵 P101B:

(1) 全开 P101B 泵入口阀 VD05 向泵 P101B 灌液,全开排气阀 VD07 排出 P101B 的不凝性气体,当显示标志为绿色后,关闭 VD07;

(2) 灌泵和排气结束后,启动 P101B;

(3) 待泵 P101B 出口压力升至入口压力的 1.5~2 倍后,打开 P101B 出口阀 VD08,同时缓慢关闭 P101A 出口阀 VD04,以尽量减小流量波动;

(4) 待 P101B 进、出口压力指示正常后,按停泵顺序停止 P101A 运转,关闭泵 P101A 入口阀 VD01,并通知维修工。

2. 调节阀 FV101 卡

现象:FIC101 的液体流量不可调节。

处理:

(1) 打开 FV101 的旁通阀 VD09,调节流量使其达到正常值;

(2) 手动关闭调节阀 FV101 及其后阀 VB04、前阀 VB03;

(3) 通知维修部门。

3. P101A 入口管线堵

现象:

(1) P101A 泵入口、出口压力急剧下降;

(2) FIC101 流量急剧减小到零。

处理:按泵的切换步骤切换到备用泵 P101B,并通知维修部门进行维修。

4. P101A 泵汽蚀

现象:

(1) P101A 泵入口、出口压力上下波动;

(2) P101A 泵出口流量波动(大部分时间达不到正常值)。

处理:按泵的切换步骤切换到备用泵 P101B。

5. P101A 泵气缚

现象:

(1) P101A 泵入口、出口压力急剧下降;

(2) FIC101 流量急剧减小。

处理:按泵的切换步骤切换到备用泵 P101B。

思考与分析

1. 请简述离心泵的工作原理和结构。
2. 请举例说出除离心泵以外你所知道的其他类型的泵。
3. 什么叫汽蚀现象?汽蚀现象有什么破坏作用?
4. 发生汽蚀现象的原因有哪些?如何防止汽蚀现象的发生?
5. 为什么启动前一定要将离心泵灌满被输送液体?
6. 离心泵在启动和停止运行时泵的出口阀应处于什么状态?为什么?
7. 泵 P101A 和泵 P101B 在进行切换时,应如何调节其出口阀 VD04 和 VD08?为什么要这样做?
8. 一台离心泵在正常运行一段时间后,流量开始下降,哪些原因可能导致这种现象?
9. 离心泵出口压力过高或过低应如何调节?
10. 离心泵入口压力过高或过低应如何调节?
11. 若两台性能相同的离心泵串联操作,其输送流量和扬程与单台离心泵相比有什么变化?若两台性能相同的离心泵并联操作,其输送流量和扬程与单台离心泵相比有什么变化?

项目二　　压缩机仿真操作实训

一、工作原理简述

透平压缩机是进行气体压缩的常用设备。它以汽轮机(蒸汽透平)为动力,蒸汽在汽轮机内膨胀做功驱动压缩机主轴,主轴带动叶轮高速旋转。被压缩气体从轴向进入压缩机叶轮,在高速转动的叶轮作用下随叶轮高速旋转并沿半径方向甩出叶轮,叶轮在汽轮机的带动下高速旋转把所得到的机械能传递给被压缩气体。因此,气体在叶轮内的流动过程中,一方面受离心力作用增大了气体本身的压力,另一方面得到了很大的动能。气体离开叶轮进入流通面积逐渐扩大的扩压器,气体流速急剧下降,动能转化为压力能(势能),气体的压力进一步提高,使气体压缩。

本仿真培训系统选用甲烷单级透平压缩的典型流程作为仿真对象。

二、工艺流程简介

在生产过程中产生的压力为 $1.2\sim 1.6 kgf/cm^2$ (绝)、温度为 30℃ 左右的低压甲烷经 VD01 阀进入甲烷贮罐 FA311,罐内压力控制在 $300 mmH_2O$ ($1mmH_2O=9.80665Pa$)。甲烷从贮罐 FA311 出来,进入压缩机 GB301,经过压缩机压缩,出口排出压力为 $4.03 kgf/cm^2$ (绝)、温度为 160℃ 的中压甲烷,然后经过手动控制阀 VD06 进入燃料系统。

该流程为了防止压缩机发生喘振,设计了由压缩机出口至贮罐 FA311 的返回管线,即由压缩机出口经过换热器 EA305 和 PV304B 阀到贮罐的管线。返回的甲烷经换热器 EA305 冷却。另外贮罐 FA311 有一超压保护控制器 PIC303,当 FA311 中压力超高时,低压甲烷可以经 PIC303 控制放火炬,使罐中压力降低。压缩机 GB301 由汽轮机 GT301 同轴驱动,汽轮机的供汽为压力 15kgf/cm^2（绝）的来自管网的中压蒸汽，排汽为压力 3kgf/cm^2（绝）的降压蒸汽，进入低压蒸汽管网。

流程中共有两套自动控制系统。PIC303 为 FA311 超压保护控制器，当贮罐 FA311 中压力过高时，自动打开放火炬阀。PRC304 为压力分程控制系统，当此调节器输出在 50%～100% 范围内时，输出信号送给汽轮机 GT301 的调速系统，即 PV304A，用来控制中压蒸汽的进汽量，使压缩机的转速在 3350~4704r/min 之间变化，此时 PV304B 阀全关。当此调节器输出在 0~50% 范围内时，PV304B 阀的开度对应在 0~100% 范围内变化。汽轮机在起始升速阶段由手动控制器 HC3011 手动控制，当转速大于 3450r/min 时可由切换开关切换到 PIC304 控制。

压缩机 DCS 图和压缩机现场图如图 2-4 和图 2-5 所示。

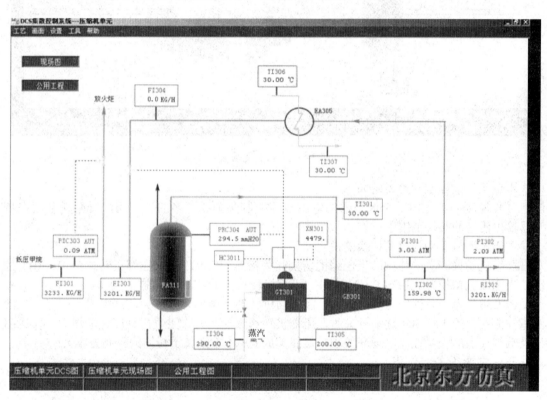

图 2-4 压缩机 DCS 图

（1）压缩比是指压缩机各段出口压力和进口压力的比值。正常压缩比越大，代表着本级压缩机的额定功率越大。

（2）喘振是指转速一定时，压缩机的进料减少到一定的值，造成叶道中气体的速度不均匀和出现倒流。当这种现象扩展到整个叶道时，叶道中的气流通不出去，造成压缩机级中压力突然下降，而级后相对较高的压力将气流倒压回级里，级里的压力恢复正常，叶轮工作也恢复正常，重新将倒流回的气流压出去。此后，级里压力又突然下降，气流又倒回，这种现象重复出现，压缩机工作不稳定。

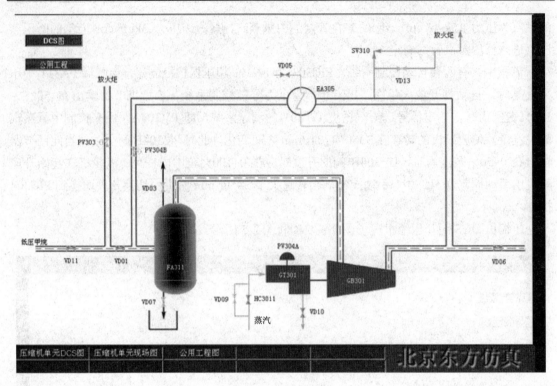

图 2-5 压缩机现场图

本单元复杂控制回路说明如下。

分程控制：就是由一个调节器的输出信号控制两个或更多的调节阀，每个调节阀在调节器输出信号的某段范围中工作。

关于压缩机手动与自动切换的说明如下。

压缩机切换开关的作用：当压缩机切换开关指向 HC3011 时，压缩机转速由 HC3011 控制；当压缩机切换开关指向 PRC304 时，压缩机转速由 PRC304 控制。

PRC304 为一分程控制阀，分别控制压缩机转速（主气门开度）和压缩机反喘振线上的流量控制阀。当 PRC304 逐渐开大时，压缩机转速逐渐上升（主气门开度逐渐加大），压缩机反喘振线上的流量控制阀逐渐关小，最终关成 0（本方案属于较旧的控制方案）。

三、主要设备、仪表

主要设备如表 2-4 所示。

表 2-4 主要设备一览表

设备位号	设备名称
FA311	低压甲烷贮罐
GT301	汽轮机
GB301	单级压缩机
EA305	压缩机换热器

任务一 冷态开车操作实训

一、准备工作

1. 启动公用工程

按公用工程按钮，公用工程投用。

2. 油路开车

按油路按钮。

3. 盘车

(1) 按盘车按钮开始盘车；

(2) 待转速升到 200r/min 时，停盘车（盘车前先打开 PV304B 阀）。

4. 暖机

按暖机按钮。

5. EA305 冷却水投用

打开换热器冷却水阀门 VD05，开度为 50%。

二、罐 FA311 充低压甲烷

(1) 打开 PIC303 调节阀放火炬，开度为 50%；

(2) 打开 FA311 入口阀 VD11，开度为 50%，微开 VD01；

(3) 打开 PV304B 阀，缓慢向系统充压，调整 FA311 顶部安全阀 VD03 和 VD01，使系统压力维持 300~500mmH$_2$O；

(4) 调节 PIC303 阀门开度，使压力维持在 0.1atm。

三、透平单级压缩机开车

1. 手动升速

(1) 缓慢打开透平低压蒸汽出口截止阀 VD10，开度递增级差保持在 10%以内；

(2) 将调速器切换开关切到 HC3011 方向；

(3) 手动缓慢打开 HC3011，开始压缩机升速，开度递增级差保持在 10%以内。使透平压缩机转速在 250～300r/min。

2. 跳闸实验(视具体情况决定此操作的进行)

(1) 继续升速至 1000r/min；

(2) 按紧急停车按钮进行跳闸实验，实验后压缩机转速 XN311 迅速下降为 0；

(3) 手关 HC3011，开度为 0，关闭蒸汽出口阀 VD10，开度为 0；

(4) 按压缩机复位按钮。

3. 重新手动升速

(1) 重复手动升速步骤(1)，缓慢升速至 1000r/min；

(2) HC3011 开度递增级差保持在 10%以内，升转速至 3350r/min；

(3) 进行机械检查。

4. 启动调速系统

(1) 将调速器切换开关切到 PIC304 方向；

(2) 缓慢打开 PV304A 阀（即 PIC304 阀门开度大于 50%），若阀开得太快会发生喘振；同时可适当打开出口安全阀旁路阀（VD13）调节出口压力，使 PI301 压力维持在 3.03atm,防止喘振发生。

5. 调节操作参数至正常值

(1) 当 PI301 压力指示值为 3.03atm 时，一边关出口放火炬旁路阀，一边打开 VD06 去燃料系统阀，同时相应关闭 PIC303 放火炬阀；

(2) 控制入口压力 PIC304 在 300mmH$_2$O，慢慢升速；

(3) 当转速达全速(4480r/min 左右)时，将 PIC304 切为自动；

（4）PIC303 设定为 0.1kgf/cm² (表)，投自动；
（5）顶部安全阀 VD03 缓慢关闭。

任务二　正常停车操作实训

一、停调速系统
（1）缓慢打开 PV304B 阀，降低压缩机转速；
（2）打开 PIC303 阀排放火炬；
（3）开启出口安全旁路阀 VD13，同时关闭去燃料系统阀 VD06。

二、手动降速
（1）将 HC3011 开度置为 100%；
（2）将调速开关切换到 HC3011 方向；
（3）缓慢关闭 HC3011，同时逐渐关小透平蒸汽出口阀 VD10；
（4）当压缩机转速降为 300～500r/min 时，按紧急停车按钮；
（5）关闭透平蒸汽出口阀 VD10。

三、停 FA311 进料
（1）关闭 FA311 入口阀 VD01、VD11；
（2）开启 FA311 泄料阀 VD07，泄液；
（3）关换热器冷却水。

四、紧急停车
（1）按紧急停车按钮；
（2）确认 PV304B 阀及 PIC303 置于打开状态；
（3）关闭透平蒸汽入口阀及出口阀；
（4）甲烷气由 PIC303 排放火炬；
（5）其余同正常停车。

任务三　正常工况与事故处理操作实训

一、正常工况操作实训

1. 正常工况操作参数
（1）罐 FA311 压力 PIC304：295mmH$_2$O；
（2）压缩机出口压力 PI301：3.03atm；燃料系统入口压力 PI302：2.03atm；
（3）低压甲烷流量 FI301：3232.0kg/h；
（4）中压甲烷进入燃料系统流量 FI302：3200.0kg/h；
（5）压缩机出口中压甲烷温度 TI302：160.0℃。

2. 压缩机防喘振操作
（1）启动调速系统后，必须缓慢开启 PV304A 阀，此过程中可适当打开出口安全旁路阀调节出口压力，以防喘振发生；
（2）当有甲烷进入燃料系统时，应关闭 PIC303 阀；
（3）当压缩机转速达全速时，应关闭出口安全旁路阀。

二、事故处理操作实训

1. 入口压力过高
现象：FA311 罐中压力上升。

处理：手动适当打开 PV303 的放火炬阀。

2. **出口压力过高**

现象：压缩机出口压力上升。

处理：开大去燃料系统阀 VD06。

3. **入口管道破裂**

现象：罐 FA311 中压力下降。

处理：开大 FA311 入口阀 VD01、VD11。

4. **出口管道破裂**

现象：压缩机出口压力下降。

处理：紧急停车。

5. **入口温度过高**

现象：TI301 及 TI302 指示值上升。

处理：紧急停车。

思考与分析

1. 什么是喘振？如何防止喘振？
2. 在手动调速状态，为什么防喘振线上的防喘振阀 PV304B 全开，可以防止喘振？
3. 结合伯努利方程，说明压缩机如何做功，进行动能、压力和温度之间的转换。
4. 根据本项目内容，理解盘车、手动升速、自动升速的概念。

项目三　液位控制系统仿真操作实训

一、工作原理简述

主要包括：单回路控制系统、分程控制系统、比值控制系统、串级控制系统。

1. **单回路控制系统**

单回路控制系统又称单回路反馈控制。由于在所有反馈控制中，单回路反馈控制是最基本、结构最简单的一种，因此，它又被称为简单控制。

单回路反馈控制由四个基本环节组成，即被控对象（简称对象）或被控过程（简称过程）、测量变送装置、控制器和控制阀。

所谓控制系统的整定，就是对于一个已经设计并安装就绪的控制系统，通过控制器参数的调整，使得系统的过渡过程达到最为满意的质量指标要求。

本项目的单回路控制有：FIC101、LIC102、LIC103。

2. **分程控制系统**

通常是一台控制器的输出只控制一个控制阀。然而分程控制系统却不然，在这种控制回路中，一台控制器的输出可以同时控制两个甚至两个以上的控制阀，控制器的输出信号被分割成若干个信号的范围段，而由每一段信号去控制一个控制阀。

本项目的分程控制回路有：PIC101 分程控制冲压阀 PV101A 和泄压阀 PV101B，如图 2-6 所示。

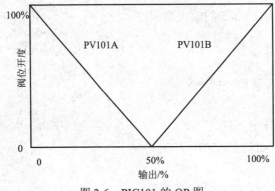

图 2-6　PIC101 的 OP 图

3. 比值控制系统

在化工、炼油及其他工业生产过程中，工艺上常需要两种或两种以上的物料保持一定的比例关系，比例一旦失调，将影响生产或造成事故。

实现两个或两个以上参数符合一定比例关系的控制系统，称为比值控制系统。通常保持两种或几种物料的流量为一定比例关系的系统，称为流量比值控制系统。

比值控制系统可分为：开环比值控制系统、单闭环比值控制系统、双闭环比值控制系统、变比值控制系统、串级和比值控制组合的系统等。

FFIC104 为一比值调节器。根据 FIC103 的流量，按一定的比例，相应调整 FI103 的流量。

对于比值调节系统，首先要明确哪种物料是主物料，而另一种物料按主物料来配比。在本项目中，FIC1425（以 C_2 为主的烃原料）为主物料，而 FIC1427（H_2）的量随主物料（C_2 为主的烃原料）量的变化而改变。

4. 串级控制系统

如果系统中不止采用一个控制器，而且控制器间相互串联，一个控制器的输出作为另一个控制器的给定值，这样的系统称为串级控制系统。

串级控制系统的特点：

（1）能迅速地克服进入副回路的扰动；

（2）改善主控制器的被控对象特征；

（3）有利于克服副回路内执行机构等的非线性。

在本项目中罐 V101 的液位由液位调节器 LIC101 和流量调节器 FIC102 串级控制。

二、工艺流程简介

缓冲罐 V101 仅一股来料，8kgf/cm² 压力的液体通过调节产供阀 FIC101 向罐 V101 充液，此罐压力由调节阀 PIC101 分程控制，缓冲罐压力高于分程点（5.0kgf/cm²）时，PV101B 自动打开泄压，压力低于分程点时，PV101B 自动关闭，PV101A 自动打开给罐充压，使 V101 压力控制在 5kgf/cm²。缓冲罐 V101 液位调节器 LIC101 和流量调节阀 FIC102 串级调节，一般液位正常控制在 50%左右，自 V101 底抽出液体通过泵 P101A 或 P101B(备用泵)打入罐 V102，该泵出口压力一般控制在 9kgf/cm²，FIC102 流量正常控制在 20000.0kg/h。

罐 V102 有两股来料，一股为 V101 通过 FIC102 与 LIC101 串级调节后来的流量；另一股为 8kgf/cm² 压力的液体通过调节阀 LIC102 进入罐 V102，一般 V102 液位控制在 50%左右，V102 底液抽出通过调节阀 FIC103 进入 V103，正常工况时 FIC103 的流量控制在 30000 kg/h。

罐 V103 也有两股来料，一股来自于 V102 的底抽出量，另一股为 8kgf/cm² 压力的液体通过 FIC103 与 FI103 比值调节进入 V103，比值系数为 2:1，V103 底液通过 LIC103 调节阀输出，正常时罐 V103 液位控制在 50%左右。

三、主要设备、仪表

主要设备如表 2-5 所示。

表 2-5　主要设备一览表

设备位号	设备名称
V101	缓冲罐
V102	恒压中间罐
V103	恒压产品罐
P101A	缓冲罐 V101 底抽出泵
P101B	缓冲罐 V101 底抽出备用泵

任务一　冷态开车操作实训

一、准备工作

装置的开工状态为 V102 和 V103 两罐已充压完毕，保压在 2.0kgf/cm²，缓冲罐 V101 压力为常压状态，所有可操作阀均处于关闭状态。

二、缓冲罐 V101 充压及建立液位

1. 确认事项

V101 压力为常压。

2. 充压及建立液位

（1）在现场图上，打开 V101 进料调节器 FIC101 的前、后手阀 V1 和 V2，开度在 100%；
（2）在 DCS 图上，打开调节阀 FIC101，开度一般在 30%左右，给缓冲罐 V101 充液；
（3）待 V101 见液位后再启动压力调节阀 PIC101，阀位先开至 20%充压；
（4）待压力达 5.0kgf/cm² 左右时，PIC101 投自动。

三、中间罐 V102 建立液位

1. 确认事项

（1）V101 液位达 40%以上；
（2）V101 压力达 5.0kgf/cm² 左右。

2. 建立液位

（1）在现场图上，打开泵 P101A 的前手阀 V5 为 100%；
（2）启动泵 P101A；
（3）当泵出口压力达 10kgf/cm² 时，打开泵 P101A 的后手阀 V7 为 100%；
（4）打开流量调节器 FIC102 前、后手阀 V9 及 V10 为 100%；
（5）打开出口调节阀 FIC102，手动调节 FV102 开度，使泵出口压力控制在 9.0kgf/cm² 左右；
（6）打开液位调节阀 LV102 至 50%开度；
（7）V101 进料流量调节器 FIC101 投自动，设定值为 20000.0kg/h；
（8）操作平稳后调节阀 FIC102 投入自动控制并与 LIC101 串级调节 V101 液位；
（9）V102 液位达 50%左右，LIC102 投自动，设定值为 50%。

四、产品罐 V103 建立液位

1. 确认事项

V102 液位达 50%左右。

2. 建立液位

(1) 在现场图上，打开流量调节器 FIC103 的前、后手阀 V13 及 V14；
(2) 在 DCS 图上，打开 FIC103 及 FFIC104，阀位开度均为 50%；
(3) 当 V103 液位达 50%时，打开液位调节阀 LIC103 开度为 50%；
(4) LIC103 调节平稳后投自动，设定值为 50%。

任务二　正常停车操作实训

一、关进料线

(1) 将调节阀 FIC101 改为手动操作，关闭 FIC101，再关闭现场手阀 V1 及 V2；
(2) 将调节阀 LIC102 改为手动操作，关闭 LIC102，使 V102 外进料流量 FI101 为 0；
(3) 将调节阀 FFIC104 改为手动操作，关闭 FFIC104。

二、将调节器改手动控制

(1) 将调节器 LIC101 改手动调节，FIC102 解除串级改手动控制；
(2) 手动调节 FIC102，维持泵 P101A 出口压力，使 V101 液位缓慢降低；
(3) 将调节器 FIC103 改手动调节，维持 V102 液位缓慢降低；
(4) 将调节器 LIC103 改手动调节，维持 V103 液位缓慢降低。

三、罐 V101 泄压及排放

(1) 罐 V101 液位下降至 10%时，先关出口阀 FV102，停泵 P101A，再关入口阀 V5；
(2) 打开排凝阀 V4，关 FIC102 手阀 V9 及 V10；
(3) 罐 V101 液位降到 0 时，PIC101 置手动调节，打开 PV101 为 100%放空。

四、罐 V102 和罐 V103

当罐 V102 液位为 0 时，关调节阀 FIC103 及现场前后手阀 V13 及 V14。
当罐 V103 液位为 0 时，关调节阀 LIC103。

任务三　正常工况与事故处理操作实训

一、正常工况操作实训

正常工况操作参数：

(1) FIC101 投自动，设定值为 20000.0kg/h；
(2) PIC101 投自动（分程控制），设定值为 5.0kgf/cm^2；
(3) LIC101 投自动，设定值为 50%；
(4) FIC102 投串级(与 LIC101 串级)；
(5) FIC103 投自动，设定值为 30000.0kg/h；
(6) FFIC104 投串级(与 FIC103 比值控制)，比值系统为常数 2.0；
(7) LIC102 投自动，设定值为 50%；
(8) LIC103 投自动，设定值为 50%；
(9) 泵 P101A(或 P101B)出口压力 PI101 正常值为 9.0kgf/cm^2；
(10) V102 外进料流量 FI101 正常值为 10000.0kg/h；
(11) V103 产品输出量 FI102 的流量正常值为 45000.0kg/h。

二、事故处理操作实训

1. 泵 P101A 坏

原因：运行泵 P101A 停。
现象：画面泵 P101A 显示为开，但泵出口压力急剧下降。
处理：先关小出口调节阀开度，启动备用泵 P101B，调节出口压力，压力达 9.0atm(表)时，关泵 P101A，完成切换。具体处理方法如下：

（1）关小泵 P101A 出口阀 V7；
（2）打开泵 P101B 入口阀 V6；
（3）启动备用泵 P101B；
（4）打开泵 P101B 出口阀 V8；
（5）待 PI101 压力达 9.0atm 时，关阀 V7；
（6）关闭泵 P101A；
（7）关闭泵 P101A 入口阀 V5。

2. 调节阀 FIC102 卡

原因：调节阀 FIC102 卡 20%开度不动作。

现象：罐 V101 液位急剧上升，FIC102 流量减小。

处理：打开旁路阀 V11，待流量正常后，关调节阀前、后手阀。处理方法如下：

（1）调节 FIC102 旁路阀 V11 开度；
（2）待 FIC102 流量正常后，关闭 FIC102 前、后手阀 V9 和 V10；
（3）关闭调节阀 FIC102。

三、流程仿真界面

1. DCS 图

DCS 图见图 2-7。

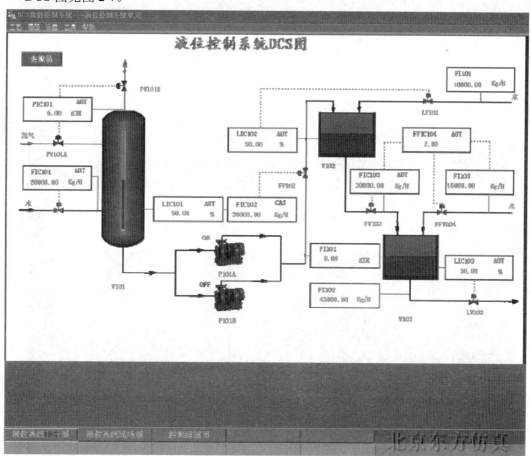

图 2-7 液位控制系统 DCS 图

2. 现场图

现场图见图 2-8。

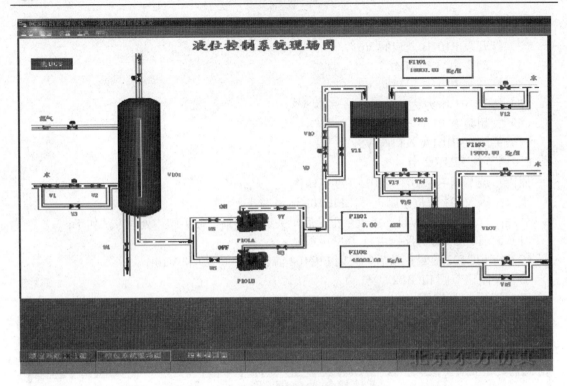

图 2-8　液位控制系统现场图

3. 控制组
控制图见图 2-9。

图 2-9　液位控制系统控制组

4. 趋势图

趋势图见图 2-10。

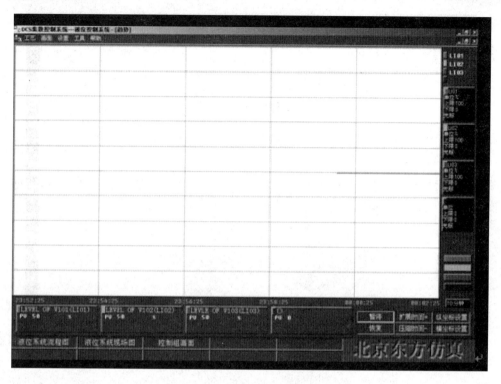

图 2-10　液位控制系统趋势图

5. 报警画面

报警图见图 2-11。

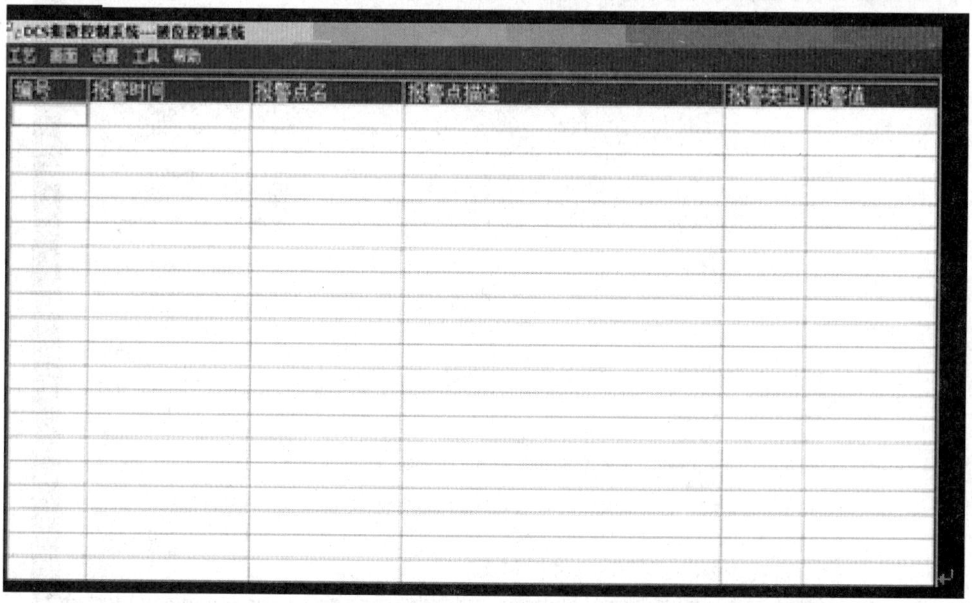

图 2-11　液位控制系统报警画面

6. 灯屏报警画面

灯屏报警画面见图 2-12。

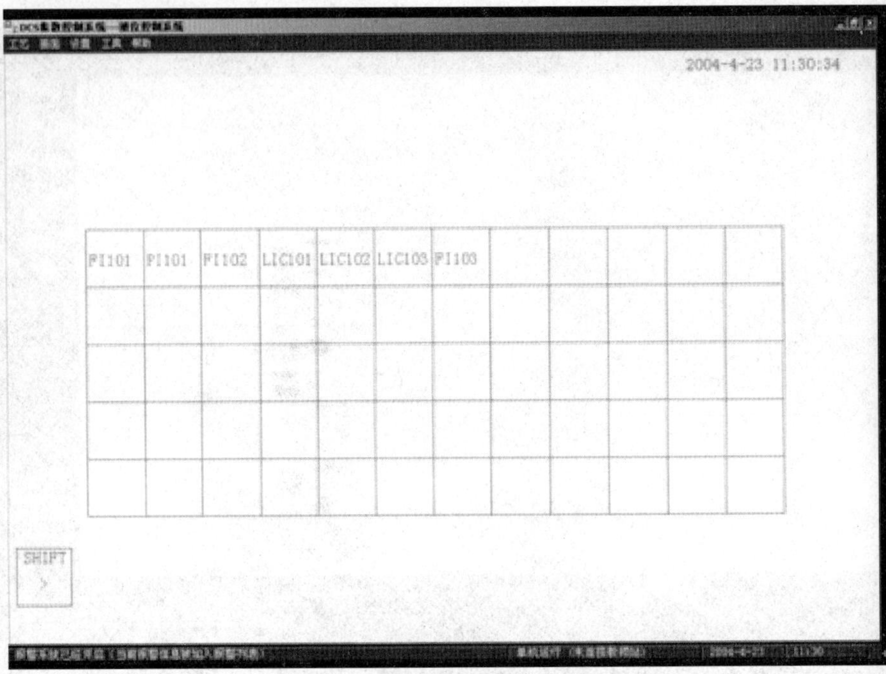

图 2-12　液位控制系统灯屏报警画面

7. 细目画面

细目画面见图 2-13。

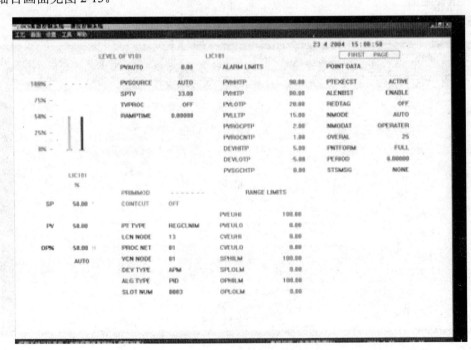

图 2-13　液位控制系统细目画面

思考与分析

1. 通过本项目，理解过程动态平衡，掌握通过仪表画面了解液位发生变化的原因和解决方法。

2. 在调节器 FIC103 和 FFIC104 组成的比值控制回路中，哪一个是主动量？为什么？并指出这种比值调节属于开环还是闭环控制回路？

3. 本仿真培训项目包括串级、比值、分程三种复杂调节系统，你能说出它们的特点吗？它们与简单控制系统的差别是什么？

4. 在开车和停车时，为什么要特别注意维持流经调节阀 FV103 和 FFV104 的液体流量比值为 2？

5. 请简述开车和停车操作的注意事项。

传热仿真操作实训

了解传热的形式和常见的换热设备,熟悉传热过程的原理,掌握传热过程中常见的故障和故障产生的原因。

能熟练进行列管式换热器、管式加热炉、锅炉的开车和停车操作,能熟练进行事故的判断和排除;

具有规范操作、敬业爱岗、目标协作的精神。

 列管式换热器仿真操作实训

一、工作原理简述

换热器是进行热交换操作的通用工艺设备,广泛应用于化工、石油、石油化工、动力、冶金等工业部门,特别是在石油炼制和化学加工装置中,占有重要地位。换热器的操作技术培训在整个操作培训中尤为重要。

二、工艺流程简介

本项目设计采用列管式换热器(见图 3-1)。来自外界的 92℃冷物流(沸点 198.25℃)由泵 P101A(或 P101B)送至换热器 E101 的壳程被流经管程的热物流加热至 145℃,并有 20%汽化。冷物流流量由流量控制器 FIC101 控制,正常流量为 12000kg/h。来自另一设备的 225℃热物流经泵 P102A(或 P102B)送至换热器 E101 与流经壳程的冷物流进行热交换,热物流出口温度由 TIC101 控制(177℃)。

为保证热物流的流量稳定,TIC101 采用分程控制,TV101A 和 TV101B 分别调节流经 E101 和副线的流量,TIC101 输出 0~100%分别对应 TV101A 开度 0~100%、TV101B 开度 100%~0。

三、主要设备、仪表

主要设备如表 3-1 所示。

模块三 传热仿真操作实训

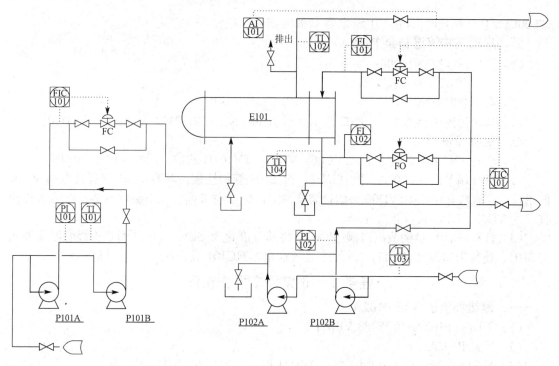

图 3-1 列管式换热器工艺流程图

表 3-1 主要设备一览表

设备位号	设备名称
P101A、P101B	冷物流进料泵
P102A、P102B	热物流进料泵
E101	列管式换热器

任务一 冷态开车操作实训

一、准备工作

装置的开工状态为换热器处于常温常压，各调节阀处于手动关闭状态，各手操阀处于关闭状态，可以直接进冷物流。

二、启动冷物流进料泵 P101A

（1）开换热器壳程排气阀 VD03；

（2）开泵 P101A 的前阀 VB01；

（3）启动泵 P101A；

（4）当进料压力指示表 PI101 指示达 9.0atm 以上时，打开泵 P101A 的出口阀 VB03。

三、冷物流进料

（1）打开 FIC101 的前、后阀 VB04、VB05，手动逐渐开大调节阀 FV101（FIC101）；

（2）观察壳程排气阀 VD03 的出口，当有液体溢出时（VD03 旁边标志变绿），标志着壳程已无不凝性气体，关闭壳程排气阀 VD03，壳程排气完毕；

（3）打开冷物流出口阀 VD04，将其开度置为 50%，手动调节 FV101，当 FIC101 达到

12000kg/h 且较稳定时，FIC101 设定为 12000kg/h,投自动。

四、启动热物流进料泵 P102A
（1）开管程放空阀 VD06；
（2）开泵 P102A 的前阀 VB11；
（3）启动泵 P102A；
（4）当热物流进料压力表 PI102 指示大于 10atm 时，全开 P102 泵的出口阀 VB10。

五、热物流进料
（1）全开 TV101A 的前、后阀 VB06、VB07、TV101B 的前、后阀 VB08、VB09。
（2）打开调节阀 TV101A（默认即开）给 E101 管程注液，观察 E101 管程排气阀 VD06 的出口，当有液体溢出时(VD06 旁边标志变绿)，标志着管程已无不凝性气体，此时关管程排气阀 VD06，E101 管程排气完毕。
（3）打开 E101 热物流出口阀 VD07，将其开度置为 50%，手动调节管程温度控制阀 TIC101，使其出口温度在（177±2）℃，且较稳定，TIC101 设定在 177℃，投自动。

任务二 正常停车操作实训

一、停热物流进料泵 P102A
（1）关闭泵 P102A 的出口阀 VB01；
（2）停泵 P102A；
（3）待 PI102 指示小于 0.1atm 时，关闭泵 P102A 入口阀 VB11。

二、停热物流进料
（1）TIC101 置手动；
（2）关闭 TV101A 的前、后阀 VB06、VB07；
（3）关闭 TV101B 的前、后阀 VB08、VB09；
（4）关闭 E101 热物流出口阀 VD07。

三、停冷物流进料泵 P101A
（1）关闭泵 P101A 的出口阀 VB03；
（2）停泵 P101A；
（3）待 PI101 指示小于 0.1atm 时，关闭泵 P101A 入口阀 VB01。

四、停冷物流进料
（1）FIC101 置手动；
（2）关闭 FIC101 的前、后阀 VB04、VB05；
（3）关闭 E101 冷物流出口阀 VD04。

五、E101 管程泄液
打开管程泄液阀 VD05，观察管程泄液阀 VD05 的出口，当不再有液体泄出时，关闭泄液阀 VD05。

六、E101 壳程泄液
打开壳程泄液阀 VD02，观察壳程泄液阀 VD02 的出口，当不再有液体泄出时，关闭泄液阀 VD02。

任务三 正常工况与事故处理操作实训

一、正常工况操作实训
1. 正常工况操作参数
（1）冷物流流量为 12000kg/h，出口温度为 145℃，汽化率为 20%；

(2) 热物流流量为 10000kg/h，出口温度为 177℃。

2. 备用泵的切换

(1) P101A 与 P101B 之间可任意切换；

(2) P102A 与 P102B 之间可任意切换。

二、事故处理操作实训

1. 阀 FIC101 卡

现象：

(1) FIC101 流量减小；

(2) 泵 P101 出口压力升高；

(3) 冷物流出口温度升高。

处理：关闭 FIC101 的前、后阀，打开 FIC101 的旁路阀 VD01，调节流量使其达到正常值。

2. 泵 P101A 坏

现象：

(1) 泵 P101 出口压力急剧下降；

(2) FIC101 流量急剧减小；

(3) 冷物流出口温度升高，汽化率增大。

处理：关闭泵 P101A，开启泵 P101B。

3. 泵 P102A 坏

现象：

(1) 泵 P102 出口压力急剧下降；

(2) 冷物流出口温度下降，汽化率减小。

处理：关闭泵 P102A，开启泵 P102B。

4. 阀 TV101A 卡

现象：

(1) 热物流经换热器换热后的温度降低；

(2) 冷物流出口温度降低。

处理：关闭 TV101A 的前、后阀，打开 TV101A 的旁路阀 VD01，调节流量使其达到正常值。关闭 TV101B 的前、后阀，调节旁路阀 VD09。

5. 部分管堵

现象：

(1) 热物流流量减小；

(2) 冷物流出口温度降低，汽化率减小；

(3) 热物流泵 P102 出口压力略升高。

处理：停车拆换热器清洗。

6. 换热器结垢严重

现象：热物流出口温度高。

处理：停车拆换热器清洗。

思考与分析

1. 冷态开车时先送冷物料，后送热物料；而停车时又要先关热物料，后关冷物料，为什么？
2. 开车时不排出不凝性气体会有什么后果？如何操作才能排净不凝性气体？
3. 为什么停车后管程和壳程都要高点排气、低点泄液？
4. 你认为本系统调节器 TIC101 的设置合理吗？如何改进？
5. 影响间壁式换热器传热量的因素有哪些？
6. 传热有哪几种基本方式？各自的特点是什么？
7. 工业生产中常见的换热器有哪些类型？

项目二　管式加热炉仿真操作实训

一、工作原理简述

本项目选择的是石油化工生产中最常用的管式加热炉。管式加热炉是一种直接受热式加热设备，主要用于加热液体或气体化工原料，所用燃料通常有燃料油和燃料气。管式加热炉的传热方式以辐射传热为主，管式加热炉通常由以下几部分构成。

（1）辐射室：通过火焰或高温烟气进行辐射传热的部分。这部分直接受火焰冲刷，温度很高（600~1600℃），是热交换的主要场所（约占热负荷的70%~80%）。

（2）对流室：靠辐射室出来的烟气以对流传热为主的换热部分。

（3）燃烧器：是使燃料雾化并混合空气，使之燃烧的产热设备，燃烧器可分为燃料油燃烧器、燃料气燃烧器和油-气联合燃烧器。

（4）通风系统：将燃烧用空气引入燃烧器，并将烟气引出炉子，可分为自然通风方式和强制通风方式。

二、工艺流程简介

1. 工艺物料系统

某烃类化工原料在流量调节器 FIC101 的控制下先进入加热炉 F101 的对流段，经对流的加热升温后，再进入 F101 的辐射段，被加热至 420℃后，送至下一工序，其炉出口温度由调节器 TIC106 通过调节燃料气流量或燃料油压力来控制。

采暖水在调节器 FIC102 的控制下，经与 F101 的烟气换热，回收余热后，返回采暖水系统。

2. 燃料系统

燃料气管网的燃料气在调节器 PIC101 的控制下进入燃料气分液罐 V105，燃料气在 V105 中脱油脱水后，分两路送入加热炉，一路在 PCV01 控制下送入常明线；一路在 TV106 调节阀控制下送入油-气联合燃烧器。

来自燃料油罐 V108 的燃料油经 P101A（或 P101B）升压后，通过 PIC109 控制压送至燃烧器火嘴前，用于维持火嘴前的油压，多余燃料油返回 V108。来自管网的雾化蒸气在 PDIC112 的控制下与燃料油保持一定压差送入燃料器。来自管网的吹热蒸汽直接进入炉膛底部。

本项目复杂控制方案说明如下。

TIC106 工艺物流炉出口温度控制：TIC106 通过一个切换开关 HS101 实现两种控制方案：其一是直接控制燃料气流量，其二是与燃料压力调节器 PIC109 构成串级控制。当采用第一种方案时，燃料油的流量固定，不作调节，通过 TIC106 自动调节燃料气流量控制工艺物流炉出口温度；当采用第二种方案时，燃料气流量固定，TIC106 和燃料压力调节器 PIC109 构成串级控制回路，控制工艺物流炉出口温度。

三、主要设备、仪表

主要设备如表 3-2 所示。

表 3-2 主要设备一览表

设备位号	设备名称
V105	燃料气分液罐
V108	燃料油贮罐
F101	管式加热炉
P101A	燃料油泵 A
P101B	燃料油泵 B

任务一　冷态开车操作实训

一、准备工作

（1）公用工程启用（现场图"UTILITY"按钮置"ON"）；
（2）摘除联锁（现场图"BYPASS"按钮置"ON"）；
（3）联锁复位（现场图"RESET"按钮置"ON"）。

二、点火准备工作

（1）全开加热炉的烟道挡板 MI102；
（2）打开吹扫蒸汽阀 D03，吹扫炉膛内的可燃气体（实际约需 10min）；
（3）待可燃气体的含量低于 0.5%后，关闭吹扫蒸汽阀 D03，将 MI102 关小至 30%；
（4）打开并保持风门 MI101 在一定的开度（30%左右），使炉膛正常通风。

三、燃料气准备

（1）手动打开 PIC101 的调节阀，向 V105 充燃料气；
（2）控制 V105 的压力不超过 2atm，在 2atm 处将 PIC101 投自动。

四、点火操作

（1）当 V105 压力大于 0.5atm 后，启动点火棒（"IGNITION"按钮置"ON"），开常明线上的根部阀门 D05；
（2）确认点火成功（火焰显示）；
（3）若点火不成功，需重新进行吹扫和再点火。

五、升温操作

（1）确认点火成功后，先开燃料气线上调节阀的前、后阀（B03、B04），稍开调节阀 TV106（<10%），再全开根部阀 D10，引燃料气入加热炉火嘴；
（2）用调节阀 TV106 控制燃料气量，来控制升温速度；
（3）当炉膛温度升至 100℃时恒温 30s（实际生产恒温 1h）烘炉，当炉膛温度升至 180℃时恒温 30s（实际生产恒温 1h）暖炉。

六、引工艺物料

当炉膛温度升至 180℃后，引工艺物料：

（1）先开进料调节阀的前、后阀 B01、B02，再稍开调节阀 FV101（<10%），引工艺物料进加热炉；

（2）先开采暖水线上调节阀的前、后阀 B13、B12，再稍开调节阀 FV102（<10%），引采暖水进加热炉。

七、启动燃料油系统

待炉膛温度升至 200℃左右时，开启燃料油系统：

（1）开雾化蒸气调节阀的前、后阀 B15、B14，再微开调节阀 PDIC112（<10%）；

（2）全开雾化蒸气的根部阀 D09；

（3）开燃料油压力调节阀 PV109 的前、后阀 B09、B08；

（4）开燃料油返回 V108 管线阀 D06；

（5）启动燃料油泵 P101A；

（6）微开燃料油调节阀 PV109（<10%），建立燃料油循环；

（7）全开燃料油根部阀 D12，引燃料油入火嘴；

（8）按升温需要逐步开大燃料油调节阀，通过控制燃料油升压（最后到 6atm 左右）来控制进入火嘴的燃料油量，同时控制 PDIC112 在 4atm 左右。

八、调整至正常

（1）逐步升温使炉出口温度至正常（420℃）；

（2）在升温过程中，逐步开大工艺物料线的调节阀，使流量调整至正常；

（3）在升温过程中，逐步将采暖水流量调至正常；

（4）在升温过程中，逐步调整风门使烟气氧含量正常；

（5）逐步调节挡板开度使炉膛负压正常；

（6）逐步调整其他参数至正常；

（7）将联锁系统投用（"INTERLOCK"按钮置"ON"）。

任务二 正常停车操作实训

一、停车准备

摘除联锁系统（现场图上按下"联锁不投用"）。

二、降量

（1）通过 FIC101 逐步降低工艺物料进料量至正常的 70%；

（2）在 FIC101 降量过程中，逐步通过降低燃料油压力或燃料气流量，来维持炉出口温度 TIC106 稳定在 420℃左右；

（3）在 FIC101 降量过程中，逐步降低采暖水 FIC102 的流量；

（4）在降量过程中，适当调节风门和挡板，维持烟气氧含量和炉膛负压。

三、降温及停燃料油系统

（1）当 FIC101 降至正常量的 70%后，逐步开大燃料油的 V108 返回阀来降低燃料油压力，降温；

（2）待 V108 返回阀全开后，可逐步关闭燃料油调节阀，再停燃料油泵（P101A 或 P101B）；

（3）在降低燃料油压力的同时，降低雾化蒸气流量，最终关闭雾化蒸汽调节阀；

（4）在以上降温过程中，可适当降低工艺物料进料量，但不可以使炉出口温度高于 420℃。

四、停燃料气及工艺物料

（1）待燃料油系统停完后，关闭 V105 燃料气入口调节阀（PIC101 调节阀），停止向 V105 供燃料气；

（2）待 V105 压力下降至 0.3atm 时，关燃料气调节阀 TV106；

（3）待 V105 压力下降至 0.1atm 时，关长明灯根部阀 D05，灭火；

（4）待炉膛温度低于 150℃时，关 FIC101 调节阀停工艺进料，关 FIC102 调节阀，停采暖水。

五、炉膛吹扫

（1）灭火后，开吹扫蒸汽，吹扫炉膛 5s（实际 10min）；

（2）停吹扫蒸汽后，保持风门、挡板一定开度，使炉膛正常通风。

任务三　正常工况与事故处理操作实训

一、正常工况操作实训

1. 正常工况操作参数

正常工况操作参数见表 3-3。

表 3-3　正常工况操作参数

炉出口温度	TIC106	420℃
炉膛温度	TI104	640℃
烟道气温度	TI105	210℃
烟气氧含量	AR101	4%
炉膛负压	PI107	$-2.0mmH_2O$
工艺物料流量	FIC101	3072.5kg/h
采暖水流量	FIC102	9584kg/h
V105 压力	PIC101	2atm
燃料油压力	PIC109	6atm
雾化蒸气压差	PDIC112	4atm

2. TIC106 控制方案切换

工艺物料的炉出口温度 TIC106 可以通过燃料气和燃料油两种方式进行控制。两种方式的切换由 HS101 切换开关来完成。当 HS101 切入燃料气控制时，TIC106 直接控制燃料气调节阀，燃料油由 PIC109 单回路自行控制；当 HS101 切入燃料油控制时，TIC106 与 PIC109 组成串级控制，通过燃料油压力控制燃料油燃烧量。

二、事故处理操作实训

1. 燃料油火嘴堵

现象：

(1) 燃料油泵出口压力控制阀压力忽大忽小；
(2) 燃料气流量急剧增大。
处理：紧急停车。

2. 燃料气压力低
现象：
(1) 炉膛温度下降；
(2) 炉出口温度下降；
(3) 燃料气分液罐压力降低。
处理：
(1) 改为烧燃料油控制；
(2) 通知指导教师联系调度处理。

3. 炉管破裂
现象：
(1) 炉膛温度急剧升高；
(2) 炉出口温度升高；
(3) 燃料气控制阀关阀。
处理：炉管破裂的紧急停车。

4. 燃料气调节阀卡
现象：
(1) 调节器信号变化时燃料气流量不发生变化；
(2) 炉出口温度下降。
处理：
(1) 改现场旁路手动控制；
(2) 通知指导教师联系仪表人员进行修理。

5. 燃料气带液
现象：
(1) 炉膛和炉出口温度先下降；
(2) 燃料气流量增大；
(3) 燃料气分液罐液位升高。
处理：
(1) 关燃料气控制阀；
(2) 改由烧燃料油控制；
(3) 通知指导教师联系调度处理。

6. 燃料油带水
现象：燃料气流量增大。
处理：
(1) 关燃料油根部阀和雾化蒸气；
(2) 改由烧燃料气控制；

（3）通知指导教师联系调度处理。

7. 雾化蒸汽压力低

现象：

（1）产生联锁；

（2）PIC109 控制失灵；

（3）炉膛温度下降。

处理：通知指导教师联系调度处理。

8. 燃料油泵 A 停

现象：

（1）炉膛温度急剧下降；

（2）燃料气控制阀开度增大。

处理：

（1）现场启动备用泵；

（2）调节燃料气控制阀的开度。

三、流程仿真界面

1. 管式加热炉 DCS 图

管式加热炉 DCS 图（见图 3-2）。

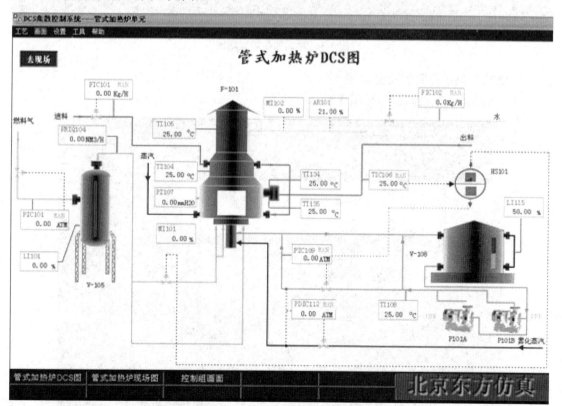

图 3-2　管式加热炉 DCS 图

2. 管式加热炉现场图

管式加热炉现场图（见图 3-3）。

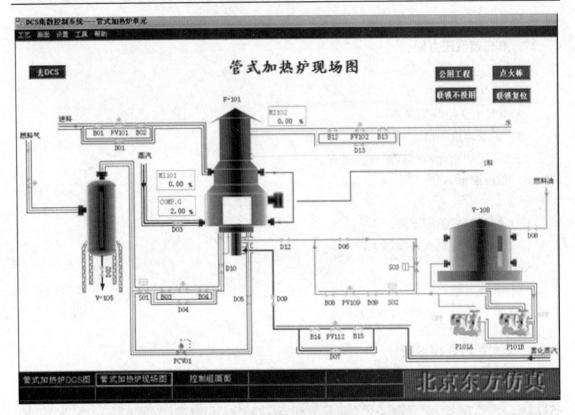

图 3-3 管式加热炉现场图

3. 管式加热炉控制组画面

管式加热炉控制组画面（见图 3-4）。

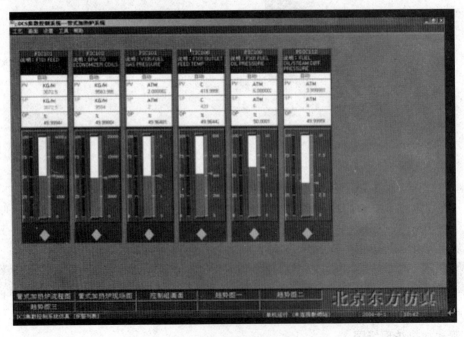

图 3-4 管式加热炉控制组画面

4. 管式加热炉单元报警列表

管式加热炉单元报警列表（见图 3-5）。

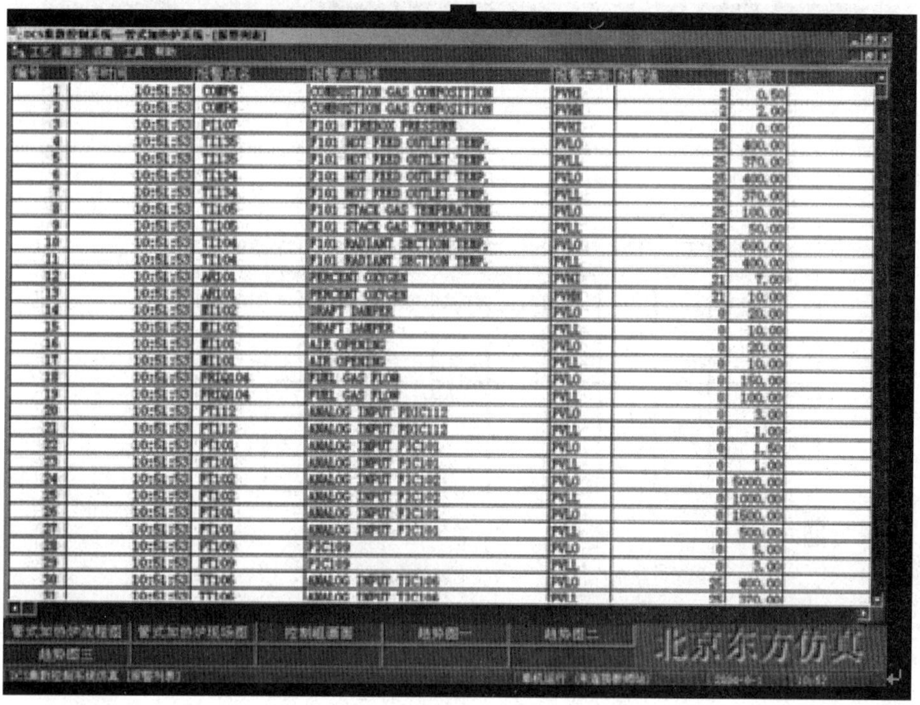

图 3-5　管式加热炉单元报警列表

5. 管式加热炉单元趋势图

管式加热炉单元趋势图（见图 3-6）。

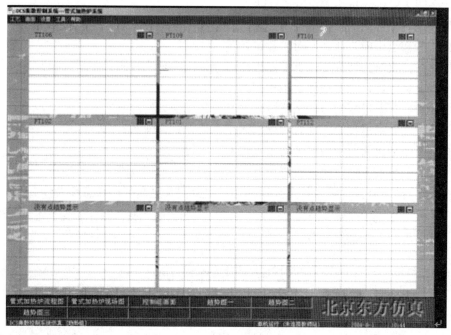

图 3-6　管式加热炉单元趋势图

6. 管式加热炉报警信息

管式加热炉系统报警信息已加入报警列表（见图3-7）。

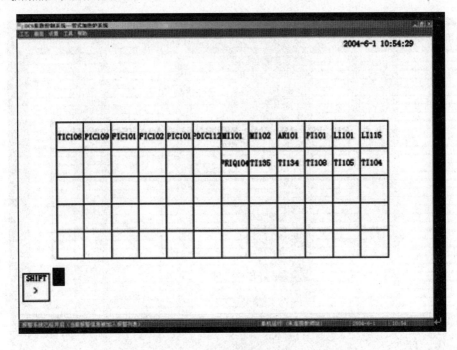

图 3-7　管式加热炉系统报警信息已加入报警列表

思考与分析

1. 什么叫工业炉？按热源可分为几类？
2. 油气混合燃烧炉的主要结构是什么？开车和停车时应注意哪些问题？
3. 加热炉在点火前为什么要对炉膛进行蒸汽吹扫？
4. 加热炉点火时为什么要先点燃点火棒，再依次开长明线阀和燃料气阀？
5. 在点火失败后，应做些什么工作？为什么？
6. 加热炉在升温过程中为什么要烘炉？升温速度应如何控制？
7. 加热炉在升温过程中，什么时候引入工艺物料？为什么？
8. 在点燃燃油火嘴时应做哪些准备工作？
9. 雾化蒸气量过大或过小，对燃烧有什么影响？应如何处理？
10. 烟道气出口氧气含量为什么要保持在一定范围？过高或过低意味着什么？
11. 加热过程中风门和烟道挡板的开度大小对炉膛负压和烟道气出口氧气含量有什么影响？
12. 本流程中三个电磁阀的作用是什么？在开车和停车时应如何操作？

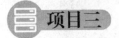 项目三　　　　　　　　锅炉仿真操作实训

一、工作原理简述

基于燃料（燃料油、燃料气）与空气按一定比例混合即发生燃烧而产生高温火焰并放出

大量热量的原理，锅炉主要是通过燃烧后辐射段的火焰和高温烟气对水冷壁的锅炉给水进行加热，使锅炉给水变成饱和水而进入汽包进行汽水分离，而从辐射室出来进入对流段的烟气仍具有很高的温度，再通过对流室对来自于汽包的饱和蒸汽进行加热即产生过热蒸汽。

该项目所用软件是为每小时产生 65t 过热蒸汽锅炉仿真培训而设计的。锅炉的主要用途是提供中压蒸汽及消除催化裂化装置再生的 CO 废气对大气的污染，回收催化装置再生废气的热能。

主要设备为 WGZ65/39-6 型锅炉，采用自然循环，双汽包结构。锅炉主体由省煤器、上汽包、对流管束、下汽包、下降管、水冷壁、过热器、表面式减温器、联箱组成。省煤器的主要作用是预热锅炉给水，降低排烟温度，提高锅炉热效率。上汽包的主要作用是汽水分离，连接受热面构成正常循环。水冷壁的主要作用是吸收炉膛辐射热。过热器分低温段过热器、高温段过热器，其主要作用是使饱和蒸汽变成过热蒸汽。减温器的主要作用是微调过热蒸汽的温度（调整范围约 10～33℃）。

锅炉设有一套完整的燃烧设备，可以适应燃料气、燃料油、液态烃等多种燃料。根据不同蒸汽压力既可单独烧一种燃料，也可以多种燃料混烧，还可以分别和 CO 废气混烧。该软件为燃料气、燃料油、液态烃与 CO 废气混烧仿真。

二、工艺流程简介

除氧器通过水位调节器 LIC101 接收外界来水，经热力除氧后，一部分经低压水泵 P102 供给全厂各车间，另一部分经高压水泵 P101 供锅炉用水，除氧器压力由 PIC101 单回路控制。锅炉给水一部分经减温器回水至省煤器，另一部分直接进入省煤器，两路给水调节阀通过过热蒸汽温度调节器 TIC101 分程控制，被烟气回热至 256℃ 的饱和蒸汽进入上汽包，经对流管束至下汽包，再通过下降管进入锅炉水冷壁，吸收炉膛辐射热使其在水冷壁里变成汽水混合物，然后进入上汽包进行汽水分离。锅炉总给水量由上汽包液位调节器 LIC102 单回路控制。

256℃ 的饱和蒸汽经过低温段过热器（通过烟气换热）、减温器（锅炉给水减温）、高温段过热器（通过烟气换热），变成 447℃、3.77MPa 的过热蒸汽供给全厂用户。

燃料气包括高压瓦斯气和液态烃，分别通过压力控制器 PIC104 和 PIC103 单回路控制进入高压瓦斯罐 V101，高压瓦斯罐顶气通过过热蒸汽压力控制器 PIC102 单回路控制进入六个点火枪，燃料油经燃料油泵 P105 升压进入六个点火枪进入燃烧室。

燃烧所用空气通过鼓风机 P104 增压进入燃烧室。

CO 烟气由催化裂化再生器产生，温度为 500℃，经过水封罐进入锅炉，燃烧放热后再排至烟窗。

锅炉排污系统包括连排系统和定排系统，用来保持水蒸气品质。

1. 汽水系统

汽水系统既所谓的"锅"，它的任务是吸收燃料燃烧放出的热量，使水蒸气蒸发最后成为规定压力和温度的过热蒸汽。它由（上、下）汽包、对流管束、下降管、（上、下）联箱、水冷壁、过热器、减温器和省煤器组成。

（1）汽包 装在锅炉的上部，包括上、下两个汽包，它们均是圆筒形的受压容器，它们之间通过对流管束连接。上汽包的下部是水，上部是蒸汽，它接受省煤器的来水，并依靠重力的作用将水经过对流管束送入下汽包。

（2）对流管束 由多根细管组成，将上、下汽包连接起来。上汽包中的水经过对流管束流入下汽包,其间要吸收炉膛放出的大量热。

(3) 下降管　它是水冷壁的供水管,汽包中的水流入下降管并通过水冷壁下的联箱均匀地分配到水冷壁的各个上升管中。

(4) 水冷壁　水冷壁是布置在燃烧室内四周墙上的许多平行的管子。它的主要作用是吸收燃烧室中的辐射热,使管内的水汽化,蒸汽就是在水冷壁中产生的。

(5) 过热器　过热器的作用是利用烟气的热量将饱和的蒸汽加热成一定温度的过热蒸汽。

(6) 减温器　在锅炉的运行过程中,很多因素使过热蒸汽加热温度发生变化,为使供给用户的蒸汽温度保持在一定范围内,必须装设气温调节设备。其原理是接受冷量,将过热蒸汽温度降低。本项目中,一部分锅炉给水先经过减温器调节过热蒸汽温度后再进入上汽包。本项目的减温器为多根细管装在一个筒体中的表面式减温器。

(7) 省煤器　装在锅炉尾部的垂直烟道中。它利用烟气的热量来加热给水,以提高给水温度,降低排烟温度,节省燃料。

(8) 联箱　本项目采用的是圆形联箱,它实际为直径较大、两端封闭的圆管,用来连接管子,起着汇集、混合和分配水汽的作用。

2. 燃烧系统

燃烧系统即所谓的"炉",它的任务是使燃料在炉中更好地燃烧。本项目的燃烧系统由炉膛和燃烧器组成。

本项目的液位指示说明:

(1) 在除氧器 DW101 中,液位指示计的 0 点下面,还有一段空间,故开始进料后不会马上有液位指示;

(2) 锅炉上汽包中在液位指示计的起测点下面,也有一段空间,故开始进料后不会马上有液位指示。同时上汽包中的液位指示计较特殊,其起测点的值为 −300mm,上限为 300mm,正常液位为 0,整个测量范围为 600mm。

本项目复杂控制回路说明如下。

TIC101:锅炉给水一部分经减温器回水至省煤器,另一部分直接进入省煤器,通过控制两路水的流量来控制上汽包的进水温度,两路流量由一分程调节器 TIC101 控制。当 TIC101 的输出为 0 时,直接进入省煤器的一路为全开,经减温器回水至省煤器的一路为 0;当 TIC101 的输出为 100%时,直接进入省煤器的一路为 0,经减温器回水至省煤器的一路为全开。锅炉上水的总量只受上汽包液位调节器 LIC102 单回路控制。

三、主要设备、仪表

主要设备如表 3-4 所示。

表 3-4　主要设备一览表

设备位号	设备名称
B101	锅炉主体
V101	高压瓦斯罐
DW101	除氧器
P101	高压水泵
P102	低压水泵
P103	Na_2HPO_4 加药泵
P104	鼓风机
P105	燃料油泵

任务一 冷态开车操作实训

一、准备工作

本装置的开车状态为所有设备均经过吹扫试压,压力为常压,温度为环境温度,所有可操作阀均处于关闭状态。

二、启动公用工程

启动"公用工程"按钮,使所有公用工程均处于待用状态。

三、除氧器投运

(1) 手动打开液位调节器 LIC101,向除氧器充水,使液位指示达到 400mm;将调节器 LIC101 投自动(给定值设为 400mm);

(2) 手动打开压力调节器 PIC101,送除氧蒸汽,打开除氧器再沸腾阀 B08,向 DW101 通一段时间蒸汽后关闭;

(3) 除氧器压力升至 2000mmH$_2$O 时,将压力调节器 PIC101 投自动(给定值设为 2000mmH$_2$O)。

四、锅炉上水

(1) 确认省煤器与下汽包之间的再循环阀 B10 关闭,打开上汽包液位计汽阀 D30 和水阀 D31;

(2) 确认省煤器给水调节阀 TIC101 全关;

(3) 开启高压泵 P101;

(4) 通过高压泵循环阀 D06 调整泵出口压力约为 5.0MPa;

(5) 缓开给水调节阀的小旁路阀 D25,手动控制上水(注意上水流量不得大于 10t/h,上水时间较长,在实际教学中,可加大进水量,加快操作速度);

(6) 待水位升至−50mm 后,关入口水调节阀小旁路阀 D25;

(7) 开启省煤器和下汽包之间的再循环阀 B10;

(8) 打开上汽包液位调节阀 LV102;

(9) 小心调节阀 LV102 使上汽包液位控制在 0 左右,投自动。

五、燃料系统投运

(1) 将高压瓦斯压力调节器 PIC104 置手动,手动控制高压瓦斯调节阀使压力达到 0.3MPa。给定值设为 0.3MPa 后投自动;

(2) 将液态烃压力调节器 PIC103 给定值设为 0.3MPa 投自动;

(3) 依次开喷射器高压入口阀 B17、喷射器出口阀 B19、喷射器低压入口阀 B18;

(4) 开火嘴蒸汽吹扫阀 B07、2min 后关闭;

(5) 依次开启燃料油泵 P105、燃料油泵出口阀 D07、回油阀 D13;

(6) 关烟气大水封进水阀 D28、开大水封放水阀 D44,将大水封中的水排空;

(7) 开小水封上水阀 D29,为导入 CO 烟气作准备。

六、锅炉点火

(1) 全开上汽包放空阀 D26 及过热器排空阀 D27 和过热器疏水阀 D04,全开过热蒸汽对空排汽阀 D12;

(2) 炉膛送气,全开风机入口挡板 D01 和烟道挡板 D05;

(3) 开启风机 P104 通风 5 min,使炉膛不含可燃气体;

（4）将烟道挡板调至20％左右；
（5）将1、2、3号燃气火嘴点燃，先开点火器，后开炉前根部阀；
（6）置过热蒸汽压力调节器PIC102为手动，按锅炉升压要求，手动控制升压速度；
（7）将4、5、6号燃气火嘴点燃。

七、锅炉升压

冷态锅炉由点火达到并汽条件，时间应严格控制不得少于3～4h，升压应缓慢平稳。在仿真器上为了提高培训效率，缩短为0.5h左右。此间严禁关小过热器疏水阀D04和对空排汽阀D12，赶火升压，以免过热器管壁温度急剧上升和对流管束胀口渗水等现象发生。

（1）开加药泵P103，加Na_2HPO_4；
（2）压力在0.7～0.8MPa时，根据上水量估计排空蒸汽量，关小减温器、上汽包排空阀；
（3）过热蒸汽温度达400℃时投入减温器（按分程控制原理，调整调节器的输出为0时，减温器调节阀开度为0，省煤器给水调节阀开度为100％；输出为50％时，两阀各开50％；输出为100％时，减温器调节阀开度为100％，省煤器给水调节阀开度为0）；
（4）压力升至3.6MPa后，保持此压力达到平稳后，准备锅炉并汽。

八、锅炉并汽

（1）确认蒸汽压力稳定，且为3.62～3.67MPa，蒸汽温度不低于420℃，上汽包水位为0左右，准备并汽；
（2）在并汽过程中，调整过热蒸汽压力低于母管压力0.10～0.15MPa；
（3）缓慢开启主汽阀旁路阀D15；
（4）缓慢开启隔离阀旁路阀D16；
（5）开主汽阀D17约20％；
（6）缓慢开启隔离阀D02，压力平衡后全开隔离阀；
（7）缓慢关闭隔离阀旁路阀D16，此时若压力趋于升高或下降，则通过过热蒸汽压力调节器手动调整；
（8）缓慢关闭主汽阀旁路阀，注意压力变化，若压力趋于升高或下降，则通过过热蒸汽压力调节器手动调整；
（9）将过热蒸汽压力调节器给定值设为3.77MPa，手动调节蒸汽压力达到3.7MPa后投自动；
（10）缓慢关闭疏水阀D04；
（11）缓慢关闭排空阀D12；
（12）缓慢关闭过热器放空阀D27；
（13）关省煤器与下汽包之间的再循环阀B10。

九、锅炉负荷提升

（1）将减温调节器给定值设为447℃，手动调节蒸汽温度达到后投自动；
（2）逐渐开大主汽阀D17，使负荷升至20t/h；
（3）缓慢手动调节主汽阀提升负荷（注意操作的平稳度，提升速度每分钟不超过3～5t/h，同时要注意加大进水量及加热量），使蒸汽负荷缓慢提升到65t/h左右。

十、去催化裂化的除氧水流量提升

（1）启动低压水泵P102；
（2）适当开启低压水泵出口再循环阀D08，调节泵出口压力；

(3) 渐开低压水泵出口阀 D10，使去催化的除氧水流量为 100t/h 左右。

任务二　正常停车操作实训

一、停车准备
(1) 彻底排灰（开除尘阀 B32）；
(2) 冲洗水位计一次。

二、锅炉负荷降量
(1) 停开加药泵 P103；
(2) 缓慢开大减温器开度，使蒸汽温度缓慢下降；
(3) 缓慢关小主汽阀 D17，降低锅炉蒸汽负荷；
(4) 打开疏水阀 D04。

三、关闭燃料系统
(1) 逐渐关闭 D03 停用 CO 烟气及大、小水封上水；
(2) 缓慢关闭燃料油泵出口阀 D07；
(3) 关闭燃料油后，关闭燃料油泵 P105；
(4) 停燃料系统后，打开 D07 对火嘴进行吹扫；
(5) 缓慢关闭高压瓦斯压力调节阀 PV104 及液态烃压力调节阀 PV103；
(6) 缓慢关闭过热蒸汽压力调节阀 PV102；
(7) 停燃料系统后，逐渐关闭主蒸汽阀 D17；
(8) 同时开启主蒸汽阀前疏水阀，尽量控制炉内压力，使其平缓下降；
(9) 关闭隔离阀 D02；
(10) 关闭连续排污阀 D09，并确认定期排污阀 D46 已关闭；
(11) 关闭风机挡板 D01，停鼓风机 P104，关闭烟道挡板 D05；
(12) 关闭烟道挡板后，打开 D28 给大水封上水。

四、停上汽包上水
(1) 关闭除氧器液位调节阀 LV102；
(2) 关闭除氧器加热蒸汽压力调节阀 PV101；
(3) 关闭低压水泵 P102；
(4) 待过热蒸汽压力低于 0.1atm 后，打开 D27 和 D26；
(5) 待炉膛温度降为 100℃后，关闭高压水泵 P101。

五、泄液
(1) 除氧器温度（TI105）降至 80℃后，打开 D41 泄液；
(2) 炉膛温度（TI101）降至 80℃后，打开 D43 泄液；
(3) 开启鼓风机入口挡板 D01、鼓风机 P104 和烟道挡板 D05 对炉膛进行吹扫，然后关闭。

任务三　正常工况与事故处理操作实训

一、正常工况操作实训

1. 正常工况操作参数
FI105：蒸汽负荷正常控制值为 65t/h。
TIC101：过热蒸汽温度投自动，设定值为 447℃。

LIC102：上汽包水位投自动，设定值为 0.0。
PIC102：过热蒸汽压力投自动，设定值为 3.77MPa。
PI101：给水压力正常控制值为 5.0MPa。
PI105：炉膛压力正常控制值为小于 200mmH₂O。
TI104：油气与 CO 烟气混烧 200℃，最高 250℃；油气混烧排烟温度控制值低于 180℃。
POXYGEN：烟道气氧含量：0.9%～3.0%。
PIC104：燃料气压力投自动，设定值为 0.30MPa。
PIC101：除氧器压力投自动，设定值为 2000mmH$_2$O。
LIC101：除氧器液位投自动，设定值为 400mm。

2. 正常工况操作要点

（1）在正常运行中，不允许中断锅炉给水。

（2）当给水自动调节投入运行时，仍须经常监视锅炉水位的变化。保持给水量变化平稳，避免调整幅度过大或过急，要经常对照给水流量与蒸汽流量是否相符。若给水自动调整失灵，则应改为手动调整给水。

（3）在运行中应经常监视给水压力和给水温度的变化。通过高压泵循环阀调整给水压力，通过除氧器压力间接调整给水温度。

（4）汽包水位计每班冲洗一次，冲洗步骤是：

① 开放水阀，冲洗汽管、水管和玻璃管；

② 关水阀，冲洗汽管及玻璃管；

③ 开水阀，关汽阀，冲洗水管；

④ 开汽阀，关放水阀，恢复水位计运行（关放水阀时，水位计中的水位应很快上升，常有轻微波动）。

（5）冲洗水位计时的安全注意事项如下：

① 冲洗水位计时要注意人身安全，穿戴好劳动保护用具，要背向水位计，以免玻璃管爆裂伤人；

② 关闭放水阀时要缓慢，因为此时水流突然截断，压力会瞬时升高，容易使玻璃管爆裂；

③ 防止工具、汗水等碰击玻璃管，以防爆裂。

3. 蒸汽压力和蒸汽温度的调整

（1）为确保锅炉燃烧稳定及水循环正常，锅炉蒸发量不应低于 40t/h。

（2）增、减负荷时，应及时调整锅炉蒸发量，尽快适应系统的需要。

（3）在下列条件下，应特别注意调整：

① 负荷变化大或发生事故时；

② 锅炉刚并汽增加负荷或低负荷运行时；

③ 启、停燃料油泵或油系统在操作时；

④ 投入或解列油（CO 烟气）关时；

⑤ CO 烟气系统投运和停运时；

⑥ 燃料油投运和停运时；

⑦ 各种燃料阀切换时；

⑧ 停炉前减负荷或炉间过渡负荷时。

(4)手动调整减温水量时,不应猛增或猛减。

(5)锅炉低负荷时,酌情减少减温水量或停止使用减温器。

4. 锅炉燃烧的调整

(1)在运行中,应根据锅炉负荷合理地调整风量,在保证燃烧良好的条件下,尽量降低过剩空气系数,降低锅炉电耗。

(2)在运行中,应根据负荷情况,采用"多油枪、小油嘴"的运行方式,力求各油枪喷油均匀,压力在 1.5MPa 以上,投入油枪左、右、上、下对称。

(3)在锅炉负荷变化时,应及时调整油量和风量,保持锅炉的蒸汽压力和蒸汽温度的稳定。在增负荷时,先加风后加油;在减负荷时,先减油后减风。

(4)CO 烟气投入前,要烧油或瓦斯,使炉膛温度提高到 900℃以上,或锅炉负荷为 25t/h 以上,燃烧稳定,各部分温度正常,并报告主操与其联系,当 CO 烟气达到规定指标时,方可投入。

(5)在投入 CO 烟气时,应缓慢增加 CO 烟气量,CO 烟气进炉控制蝶阀压力比炉膛压力高 30mmH$_2$O,保持 30 min,而后再加大 CO 烟气量,使水封罐等均匀预热。

(6)停烧 CO 烟气时应注意加大其他燃料量,保持原负荷。在停用 CO 烟气后,水封罐上水,以免急剧冷却造成水封罐内层钢板和衬筒严重变形或焊口裂开。

5. 锅炉排污

(1)定期排污在负荷平稳、高水位情况下进行。事故处理或负荷有较大波动时,严禁排污。引起水位报警时,连续排污也应暂时关闭。

(2)每一定期排污回路的排污持续时间,排污阀全开到全关时间不准超过 0.5min,不准同时开启两个或更多的排污阀。

(3)排污前,应做好联系;排污时,应注意监视给水压力和水位变化,维持正常水位;排污后,应进行全面检查确认各排污阀关闭严密。

(4)不允许两台或两台以上的锅炉同时排污。

(5)在排污过程中,如果锅炉发生事故,应立即停止排污。

6. 钢珠除尘

(1)锅炉尾部受热面应定期除尘。当烧 CO 烟气时,每天除尘一次,在后夜班进行;不烧 CO 烟气时,每星期一后夜班进行一次;停烧 CO 烟气时,增加除尘一次。若排烟温度不正常升高,则应适当增加除尘次数。每次 30min。

(2)钢珠除尘前,应做好联系。除尘时,应保持锅炉运行正常,燃烧稳定,并注意蒸汽温度、蒸汽压力的变化。

7. 自动装置运行

(1)锅炉运行时,应将自动装置投放运行,投入自动装置应同时具备下列条件:

① 自动装置的调节机构完整好用;

② 锅炉运行平稳,参数正常;

③ 锅炉蒸发量在 30t/h 以上。

(2)自动装置投入运行时,仍须监视锅炉运行参数的变化,并注意自动装置的动作情况,避免因失灵而造成不良后果。

(3)遇到下列情况,解列自动装置,改自动为手动操作:

① 当汽包水位变化过大,超出其允许变化范围时;
② 锅炉运行不正常,自动装置不能维持其运行参数在允许范围内变化或自动失灵时,应解列有关自动装置;
③ 外部事故,使锅炉负荷波动较大时;
④ 外部负荷变动过大,自动调节跟踪不及时;
⑤ 调节系统有问题。

二、事故处理操作实训

1. 锅炉满水

原因:水位计没有注意维护,暂时失灵后正常。

现象:水位计液位指示突然超过可见水位上限(+300mm),由于自动调节,给水量减少。

处理:紧急停炉。

2. 锅炉缺水

原因:给水泵出口的给水调节阀阀杆卡住,流量小。

现象:锅炉水位逐渐下降。

处理:打开给水阀的大、小旁路手动控制给水。

3. 对流管坏

原因:对流管开裂,汽、水漏入炉膛。

现象:水位下降,蒸汽压下降,给水压力下降,蒸汽温度下降。

处理:紧急停炉。

4. 减温器坏

原因:减温器出现内漏,减温水进入过热蒸汽,使蒸汽温度下降。此时蒸汽温度为自动控制状态,所以减温水调节阀关小,使蒸汽温度回升,调节阀再次开启,如此往复形成振荡。

现象:过热蒸汽温度降低,减温水量不正常地减少,蒸汽温度调节器不正常地出现忽大忽小振荡。

处理:降低负荷。将蒸汽温度调节器置手动,并关减温水调节阀,改用过热器疏水阀暂时维持运行。

5. 蒸汽管坏

原因:蒸汽流量计前部蒸汽管爆破。

现象:给水量上升,但蒸汽量反而略有下降,给水量、蒸汽量不平衡,炉负荷呈上升趋势。

处理:紧急停炉。

6. 给水管坏

原因:上水流量计前给水管破裂。

现象:上水不正常减小,除氧器和锅炉系统物料不平衡。

处理:紧急停炉。

7. 二次燃烧

原因:省煤器处发生二次燃烧。

现象:排烟温度不断上升,超过250℃,烟道和炉膛正压增大。

处理：紧急停炉。
8. 电源中断
原因：电源中断。
现象：突发性出现风机停，高、低压泵停，烟气停，油泵停，锅炉灭火等综合性现象。
处理：紧急停炉。
三、紧急停炉具体步骤
1. 上汽包停止上水
（1）停加药泵 P103；
（2）关闭上汽包液位调节阀 LV102；
（3）关闭上汽包与省煤器之间的再循环阀 B10；
（4）打开下汽包泄液阀 D43。
2. 停燃料系统
（1）关闭过热蒸汽调节阀 PV102；
（2）关闭喷射器入口阀 B17；
（3）关闭燃料油泵出口阀 D07；
（4）打开吹扫阀 B07 对火嘴进行吹扫。
3. 降低锅炉负荷
（1）关闭主汽阀前疏水阀 D04；
（2）关闭主汽阀 D17；
（3）打开过热蒸汽排空阀 D12 和上汽包排空阀 D26；
（4）停鼓风机 P104 和烟道挡板 D05。

思考与分析

1. 在锅炉负荷（锅炉给水）剧减时，观察汽包水位将出现什么变化？为什么？
2. 具体指出本项目中减温器的作用。
3. 为什么上、下汽包之间的水循环不用动力设备？其动力何在？
4. 结合本项目（TIC101），具体说明分程控制的作用和工作原理。

传质分离仿真操作实训

掌握精馏、吸收和解吸的基本知识，了解精馏、吸收和解吸装置的结构和特点；掌握精馏、吸收和解吸的操作过程、常见事故及处理。

能力目标

能够根据生产任务对精馏塔、吸收塔和解吸塔实施基本操作，并能对其操作中的相关参数进行控制；

树立工程观念，培养学生严谨的科学态度；培养学生团结协作的精神；培养学生安全生产、严格遵守操作实训的职业意识。

 精馏塔仿真操作实训

一、工作原理简述

本项目利用精馏方法，在脱丁烷塔中将丁烷从脱丙烷塔釜混合物中分离出来。精馏是将液体混合物部分汽化，利用其中各组分相对挥发度的不同，通过液相和气相间的质量传递来实现对混合物的分离。本装置中将脱丙烷塔塔釜混合物部分汽化，由于丁烷的沸点较低，即其挥发度较高，故丁烷易于从液相中汽化出来，再将汽化的蒸气冷凝，可得到丁烷组成高于原料的混合物，经过多次汽化冷凝，即可达到分离混合物中丁烷的目的。

二、工艺流程简介

原料为 67.8℃脱丙烷塔塔釜液（主要有 C_4、C_5、C_6、C_7 等），由脱丁烷塔（DA405）的第 16 块板进料（全塔共 32 块板），进料量由流量控制器 FIC101 控制。由调节器 TC101 通过调节再沸器加热蒸汽的流量，来控制提馏段灵敏板温度，从而控制丁烷的分离质量。

脱丁烷塔塔釜液（主要为 C_5 以上馏分）一部分作为产品采出，另一部分经再沸器（EA418A、EA418B）部分汽化为蒸气从塔底上升。塔釜的液位和塔釜产品采出量由 LC101 和 FC102 组成的串级控制器控制。再沸器采用低压蒸汽加热。塔釜蒸气缓冲罐（FA414）液位由液位控制器 LC102 调节底部采出量控制。

塔顶的上升蒸气（C_4 馏分和少量 C_5 馏分）经塔顶冷凝器（EA419）全部冷凝成液体，该冷凝液靠位差流入回流罐（FA408）。塔顶压力 PC102 采用分程控制：在正常的压力波动下，通过调节塔顶冷凝器的冷却水量来调节压力，当压力超高时，压力报警系统发出报警信号，PC102 调节塔顶至回流罐的排气量来控制塔顶压力从而调节气相出料；操作压力为 4.25atm（表压）时，高压控制器 PC101 将调节回流罐的气相排放量，来控制塔内压力稳定。冷凝器以冷却水为载热体。回流罐液位由液位控制器 LC103 调节塔顶产品采出量来维持恒定。回流罐中的液体一部分作为塔顶产品送下一工序，另一部分由回流泵（GA412A、GA412B）送回塔顶作为回流，回流量由流量控制器 FC104 控制。

本单元复杂控制方案说明如下。

具体实例：

（1）DA405 的塔釜液位控制 LC101 和塔釜出料控制 FC102 构成一串级回路；

（2）FC102.SP 随 LC101.OP 的改变而变化；

（3）PIC102 为一分程控制器，分别控制 PV102A 和 PV102B，当 PC102.OP 逐渐开大时，PV102A 从 0 逐渐开大到 100%；而 PV102B 从 100%逐渐关小至 0。

精馏塔 DCS 图和现场图如图 4-1 和图 4-2 所示。

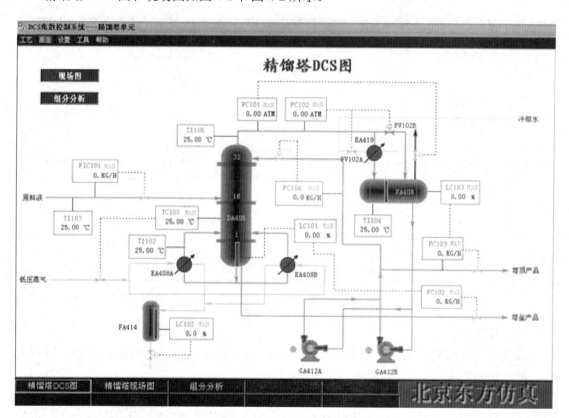

图 4-1　精馏塔 DCS 图

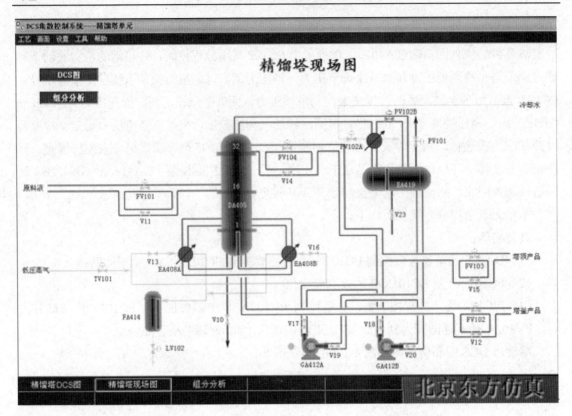

图 4-2 精馏塔现场图

三、主要设备、仪表

主要设备如表 4-1 所示。

表 4-1 主要设备一览表

设备位号	设备名称
DA405	脱丁烷塔
EA419	塔顶冷凝器
FA408	塔顶回流罐
GA412A、GA412B	回流泵
EA408A、EA408B	塔釜再沸器
FA414	塔釜蒸气缓冲罐

任务一 冷态开车操作实训

一、准备工作

装置冷态开车状态为精馏塔单元处于常温、常压氮吹扫完毕后的氮封状态,所有阀门、机泵处于关停状态。

二、进料过程

(1) 开 FA408 顶放空阀 PC101 排放不凝气,稍开 FIC101 调节阀(不超过 20%),向精馏塔进料;

(2) 进料后,塔内温度略升,压力升高。当压力 PC101 升至 0.5atm 时,关闭 PC101 调节阀投自动,并控制塔压不超过 4.25atm(如果塔内压力大幅度波动,则改回手动调节稳定压力)。

三、启动再沸器

(1) 当压力 PC101 升至 0.5atm 时,打开冷凝水 PC102 调节阀至 50%;塔压基本稳定在 4.25atm 后,可加大塔进料(FIC101 开至 50%左右);

(2) 待塔釜液位 LC101 升至 20%以上时,开加热蒸汽入口阀 V13,再稍开 TC101 调节阀,给再沸器缓慢加热,并调节 TC101 阀开度使塔釜液位 LC101 维持在 40%~60%;

(3) 待 FA414 液位 LC102 升至 50%时,投自动,设定值为 50%。

四、建立回流

随着塔进料增加和再沸器、冷凝器投用,塔压会有所升高,回流罐逐渐积液。

(1) 塔压升高时,通过开大 PC102 的输出,改变塔顶冷凝器冷却水量和旁路量来控制塔压稳定;

(2) 当回流罐液位 LC103 升至 20%以上时,先开回流泵 GA412A(或 GA412B)的入口阀 V19,再启动泵,然后开出口阀 V17,启动回流泵;

(3) 通过 FC104 的阀开度控制回流量,维持回流罐液位不超高,同时逐渐关闭进料,建立全回流操作。

五、调整至正常

(1) 当各项操作指标趋近正常值时,打开进料阀 FIC101;

(2) 逐步调整进料量(FIC101)至正常值;

(3) 通过 TC101 调节再沸器加热量使灵敏板温度 TC101 达到正常值;

(4) 逐步调整回流量(FC104)至正常值;

(5) 开 FC103 和 FC102 出料,注意塔釜、回流罐液位;

(6) 将各控制回路投自动,各参数稳定并与工艺设计值吻合后,投产品采出串级。

任务二 正常停车操作实训

一、降负荷

(1) 逐步关小 FIC101 调节阀,降低进料至正常进料量的 70%;

(2) 在降负荷过程中,保持灵敏板温度 TC101 稳定和塔压 PC102 稳定,使精馏塔分离出合格产品;

(3) 在降负荷过程中,尽量通过 FC103 排出回流罐中的液体产品,至回流罐液位 LC104 在 20%左右;

(4) 在降负荷过程中,尽量通过 FC102 排出塔釜产品,使 LC101 降至 30%左右。

二、停进料和再沸器

在负荷降至正常的 70%,且产品已大部分采出后,停进料和再沸器。

(1) 关 FIC101 调节阀,停精馏塔进料;

(2) 关 TC101 调节阀和 V13 或 V16 阀,停再沸器的加热蒸汽;

(3) 关 FC102 调节阀和 FC103 调节阀,停止产品采出;

(4) 打开塔釜泄液阀 V10,排不合格产品,并控制塔釜降低液位;

(5) 手动打开 LC102 调节阀,对 FA414 泄液。

三、停回流

(1) 停进料和再沸器后,回流罐中的液体全部通过回流泵打入塔内,以降低塔内温度;

(2) 当回流罐液位至 0 时，关 FC104 调节阀，关泵出口阀 V17（或 V18），停泵 GA412A（或 GA412B），关入口阀 V19（或 V20），停回流；

(3) 开泄液阀 V10 排净塔内液体。

四、降压、降温

(1) 打开 PC101 调节阀，将塔压降至接近常压后，关 PC101 调节阀；

(2) 全塔温度降至 50℃左右时，关塔顶冷凝器的冷却水（PC102 的输出至 0）。

任务三　正常工况与事故处理操作实训

一、正常工况操作实训

1. 正常工况操作参数

(1) 进料流量 FIC101 设为自动，设定值为 14056 kg/h；

(2) 塔釜采出量 FC102 设为串级，设定值为 7349 kg/h，LC101 设自动，设定值为 50%；

(3) 塔顶采出量 FC103 设为串级，设定值为 6707 kg/h；

(4) 塔顶回流量 FC104 设为自动，设定值为 9664 kg/h；

(5) 塔顶压力 PC102 设为自动，设定值为 4.25atm，PC101 设自动，设定值为 5.0atm；

(6) 灵敏板温度 TC101 设为自动，设定值为 89.3℃；

(7) FA414 液位 LC102 设为自动，设定值为 50%；

(8) 回流罐 FA408 液位 LC103 设为自动，设定值为 50%。

2. 主要工艺生产指标的调整方法

(1) 质量调节：本系统的质量调节采用以提馏段灵敏板温度作为主参数，辅以再沸器和加热蒸汽流量的调节系统，以实现对塔分离质量的控制。

(2) 压力控制：在正常的压力下，由塔顶冷凝器的冷却水量来调节压力，当压力高于操作压力 4.25atm（表压）时，压力报警系统发出报警信号，同时调节器 PC101 将调节回流罐的气相出料，为了保持与气相出料的相对平衡，该系统采用压力分程调节。

(3) 液位调节：塔釜液位由调节塔釜的产品采出量来维持恒定，设有高、低液位报警；回流罐液位由调节塔顶产品采出量来维持恒定，设有高、低液位报警。

(4) 流量调节：进料量和回流量都采用单回路的流量控制；再沸器加热介质流量，通过灵敏板温度进行调节。

二、事故处理操作实训

1. 热蒸汽压力过高

原因：热蒸汽压力过高。

现象：加热蒸汽的流量增大，塔釜温度持续上升。

处理：适当减小 TC101 的开度。

2. 热蒸汽压力过低

原因：热蒸汽压力过低。

现象：加热蒸汽的流量减小，塔釜温度持续下降。

处理：适当增大 TC101 的开度。

3. 冷凝水中断

原因：停冷凝水。

现象：塔顶温度上升，塔顶压力升高。

处理：
（1）开回流罐放空阀 PC101 保压；
（2）手动关闭 FC101，停止进料；
（3）手动关闭 TC101，停加热蒸汽；
（4）手动关闭 FC103 和 FC102，停止产品采出；
（5）开塔釜排液阀 V10，排不合格产品；
（6）手动打开 LIC102，对 FA414 泄液；
（7）当回流罐液位为 0 时，关闭 FIC104；
（8）关闭回流泵出口阀 V17（或 V18）；
（9）关闭回流泵 GA424A（或 GA424B）；
（10）关闭回流泵入口阀 V19（或 V20）；
（11）待塔釜液位为 0 时，关闭泄液阀 V10；
（12）待塔顶压力降为常压后，关闭冷凝器。

4. 停电

原因：停电。

现象：回流泵 GA412A 停止，回流中断。

处理：
（1）手动开回流罐放空阀 PC101 泄压；
（2）手动关进料阀 FIC101；
（3）手动关出料阀 FC102 和 FC103；
（4）手动关加热蒸汽阀 TC101；
（5）开塔釜排液阀 V10 和回流罐泄液阀 V23，排不合格产品；
（6）手动打开 LIC102，对 FA414 泄液；
（7）当回流罐液位为 0 时，关闭 V23；
（8）关闭回流泵出口阀 V17（或 V18）；
（9）关闭回流泵 GA424A（或 GA424B）；
（10）关闭回流泵入口阀 V19（或 V20）；
（11）待塔釜液位为 0 时，关闭泄液阀 V10；
（12）待塔顶压力降为常压后，关闭冷凝器。

5. 回流泵故障

原因：回流泵 GA412A 坏。

现象：GA412A 断电，回流中断，塔顶压力、温度上升。

处理：
（1）开备用泵入口阀 V20；
（2）启动备用泵 GA412B；
（3）开备用泵出口阀 V18；
（4）关闭运行泵出口阀 V17；
（5）停运行泵 GA412A；
（6）关闭运行泵入口阀 V19。

6. 回流控制阀 FC104 卡

原因：回流控制阀 FC104 卡。

现象：回流量减小，塔顶温度上升，压力增大。

处理：打开旁路阀 V14，保持回流。

思考与分析

1. 什么叫蒸馏？在化工生产中用于分离什么样的混合物？蒸馏和精馏的关系是什么？
2. 精馏的主要设备有哪些？
3. 在本项目中，如果塔顶温度、压力都超过标准，可以有哪几种方法将系统调节稳定？
4. 当系统在一较高负荷突然出现大的波动、不稳定时，为什么要将系统降到一低负荷的稳态，再重新开到高负荷？
5. 根据本项目的内容，结合"化工原理"讲述的原理，说明回流比的作用。
6. 若精馏塔灵敏板温度过高或过低，则意味着分离效果如何？应通过改变哪些变量来调节至正常？
7. 请分析本项目中是如何通过分程控制来调节精馏塔正常操作压力的。
8. 根据本项目的内容，理解串级控制的工作原理和操作方法。

项目二　吸收与解吸仿真操作实训

一、工作原理简述

吸收、解吸是石油化工生产过程中较常用的重要单元操作过程。吸收过程是利用气体混合物中各个组分在液体（吸收剂）中的溶解度不同，来分离气体混合物。被溶解的组分称为溶质或吸收质，含有溶质的气体称为富气，不被溶解的气体称为贫气或惰性气体。

溶解在吸收剂中的溶质和在气相中的溶质存在溶解平衡，当溶质在吸收剂中达到溶解平衡时，溶质在气相中的分压称为该组分在该吸收剂中的饱和蒸气压。当溶质在气相中的分压大于该组分的饱和蒸气压时，溶质就从气相溶入溶质中，称为吸收过程。当溶质在气相中的分压小于该组分的饱和蒸气压时，溶质就从液相逸出到气相中，称为解吸过程。

提高压力、降低温度有利于溶质吸收；降低压力、提高温度有利于溶质解吸。利用这一原理分离气体混合物，吸收剂可以重复使用。

二、工艺流程简介

该项目以 C_6 油为吸收剂，分离气体混合物（其中，C_4 为 25.13%，CO 和 CO_2 为 6.26%，N_2 为 64.58%，H_2 为 3.5%，O_2 为 0.53%）中的 C_4 组分（吸收质）。

从界区外来的富气从底部进入吸收塔 T101。界区外来的纯 C_6 油吸收剂贮存于 C_6 油贮罐 D101 中，由 C_6 油供给泵 P101A（或 P101B）送入吸收塔 T101 的顶部，C_6 的流量由 FRC103 控制。吸收剂 C_6 油在吸收塔 T101 中自上而下与富气逆向接触，富气中的 C_4 组分被溶解在 C_6 油中。不溶解的贫气自 T101 顶部排出，经盐水冷凝器 E101 被 -4℃的盐水冷却至 2℃进入气液分离罐 D102。吸收了 C_4 组分的富油（C_4 为 8.2%，C_6 为 91.8%）从吸收塔底部排出，经贫富油换热器 E103 预热至 80℃进入解吸塔 T102。吸收塔塔釜液位由 LIC101 和 FIC104 通过调节塔釜富油采出量串级控制。吸收系统 DCS 图和现场图如图 4-3 和图 4-4 所示。

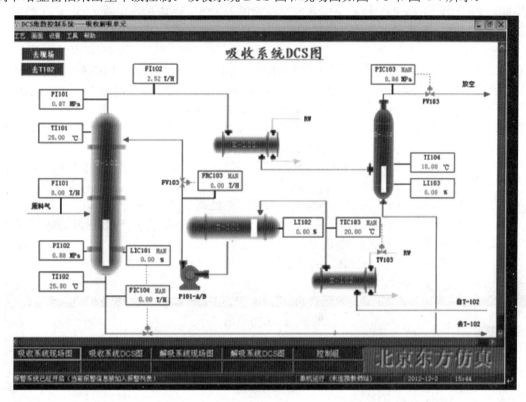

图 4-3　吸收系统 DCS 图

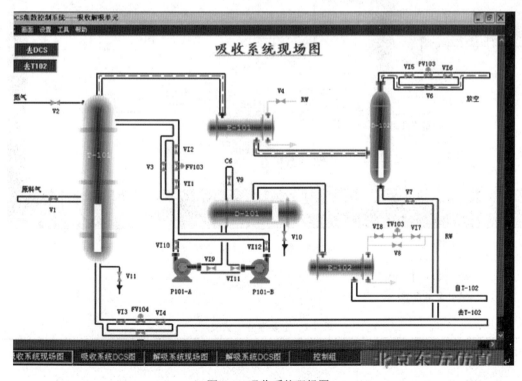

图 4-4　吸收系统现场图

来自吸收塔顶部的贫气在气液分离罐 D102 中回收冷凝的 C_4、C_6 后,不凝气在 D102 压力控制器 PIC103(1.2MPa)控制下排入放空总管进入大气。回收的冷凝液(C_4、C_6)与吸收塔釜排出的富油一起进入解吸塔 T102。

预热后的富油进入解吸塔 T102 进行解吸分离。塔顶气相出料(C_4 为 95%)经冷凝器 E104 换热降温至 40℃ 全部冷凝进入塔顶回流罐 D103,其中一部分冷凝液由 P102A(或 P102B)泵打回流至解吸塔顶部,回流量为 8.0t/h,由 FIC106 控制,其他部分作为 C_4 产品在液位控制(LIC105)下由 P102A(或 P102B)泵抽出。塔釜 C_6 油在液位控制(LIC104)下,经贫富油换热器 E103 和盐水冷却器 E102 降温至 5℃ 返回至 C_6 油贮罐 D101 再利用,返回温度由温度控制器 TIC103 通过调节 E102 循环冷却水流量控制。

T102 塔釜温度由 TIC104 和 FIC108 通过调节塔釜再沸器 E105 的蒸汽流量串级控制,控制温度 102℃。塔顶压力由 PIC105 通过调节塔顶冷凝器 E104 的冷却水流量控制,另有一塔顶压力保护控制器 PIC104,在塔顶不凝气压力高时通过调节 D103 放空量降压。

因为塔顶 C_4 产品中含有部分 C_6 油及其他 C_6 油损失,所以随着生产的进行,要定期观察 C_6 油贮罐 D101 的液位,补充新鲜 C_6 油。

解吸系统 DCS 图和现场图如图 4-5 和图 4-6 所示。

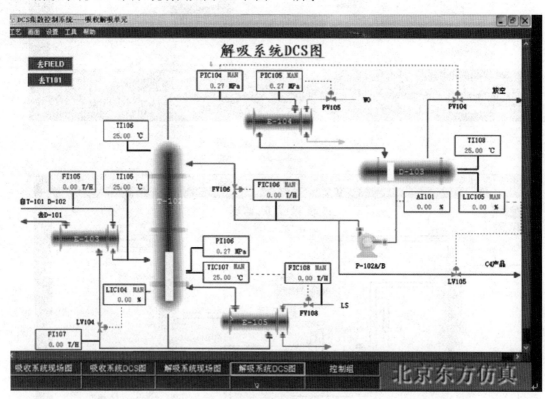

图 4-5　解吸系统 DCS 图

三、主要设备、仪表

主要设备如表 4-2 所示。

表 4-2　主要设备一览表

设 备 位 号	设 备 名 称
T101	吸收塔
D101	C_6 油贮罐

设备位号	设备名称
D102	气液分离罐
E101	吸收塔顶冷凝器
E102	循环油冷却器
P101A、P101B	C_6油供给泵
T102	解吸塔
D103	解吸塔顶回流罐
E103	贫富油换热器
E104	解吸塔顶冷凝器
E105	解吸塔釜再沸器
P102A、P102B	解吸塔顶回流、塔顶产品采出泵

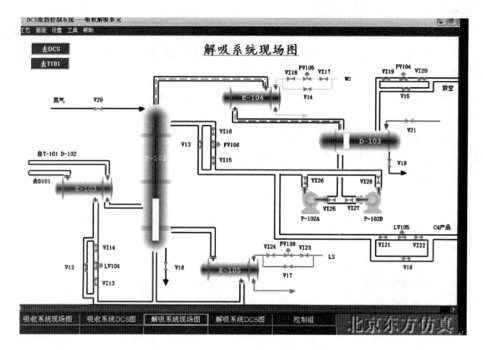

图 4-6 解吸系统现场图

任务一 冷态开车操作实训

一、准备工作

装置的开车状态为吸收塔、解吸塔系统均处于常温、常压下，各调节阀处于手动关闭状态，各手阀处于关闭状态，氮气置换已完毕，公用工程已具备条件，可以直接进行氮气充压。

二、氮气充压

1. 确认

所有手阀处于关闭状态。

2. 氮气充压操作

（1）打开氮气充压阀，给吸收塔系统充压；

（2）当吸收塔系统压力升至 1.0MPa 左右时，关闭氮气充压阀；

（3）打开氮气充压阀，给解吸塔系统充压；

(4) 当解吸塔系统压力升至 0.5MPa 左右时，关闭氮气充压阀。

三、进吸收油

1. 确认

(1) 系统充压已结束；

(2) 所有手阀处于关闭状态。

2. 吸收塔系统进吸收油

(1) 打开引油阀 V9 至开度 50%左右，给 C_6 油贮罐 D101 充 C_6 油至液位 70%；

(2) 打开 C_6 油供给泵 P101A（或 P101B）的入口阀，启动 P101A（或 P101B）；

(3) 打开 P101A（或 P101B）出口阀，手动打开 FV103 阀至 30%左右给吸收塔 T101 充液至 50%，充油过程中注意观察 D101 液位，必要时给 D101 补充新油。

3. 解吸塔系统进吸收油

(1) 手动打开调节阀 FV104 至开度 50%左右，给解吸塔 T102 进吸收油至液位 50%；

(2) 给 T102 进油时注意给 T101 和 D101 补充新油，以保证 D101 和 T101 的液位均不低于 50%。

四、C_6 油冷循环

1. 确认

(1) 贮罐、吸收塔、解吸塔液位 50%左右；

(2) 吸收塔系统与解吸塔系统保持合适压差。

2. 建立冷循环

(1) 手动逐渐打开调节阀 LV104，向 D101 倒油；

(2) 当向 D101 倒油时，同时逐渐调整 FV104，以保持 T102 液位在 50%左右，将 LIC104 设定在 50%投自动；

(3) 由 T101 至 T102 油循环时，手动调节 FV103 以保持 T101 液位在 50%左右，将 LIC101 设定在 50%投自动；

(4) 手动调节 FV103，使 FRC103 保持在 13.50t/h，投自动，冷循环 10min。

五、解吸塔回流罐 D103 灌 C_4

打开 V21 向 D103 灌 C_4 至液位为 20%。

六、C_6 油热循环

1. 确认

(1) 冷循环过程已经结束；

(2) D103 液位已建立。

2. T102 再沸器投用

(1) 设定 TIC103 于 5℃，投自动；

(2) 手动打开 PV105 至 70%；

(3) 手动控制 PIC105 于 0.5MPa，待回流稳定后再投自动；

(4) 手动打开 FV108 至 50%，开始给 T102 加热。

3. 建立 T102 回流

(1) 随着 T102 塔釜温度 TIC107 逐渐升高，C_6 油开始汽化，并在 E104 中冷凝至回流罐 D103；

(2) 当塔顶温度高于 50℃时，打开 P102A（或 P102B）泵的入、出口阀 VI25（或 VI27）、

VI26（或 VI28），打开 FV106 的前、后阀，手动打开 FV106 至合适开度，维持塔顶温度高于 51℃；

（3）当 TIC107 温度指示达到 102℃时，将 TIC107 设定在 102℃投自动，TIC107 和 FIC108 投串级；

（4）热循环 10 min。

七、进富气

1. 确认

C_6 油热循环已经建立。

2. 进富气

（1）逐渐打开富气进料阀 V1，开始富气进料；

（2）随着 T101 富气进料，塔压升高，手动调节 PIC103 使压力恒定在 1.2MPa（表），当富气进料达到正常值后，设定 PIC103 于 1.2MPa（表），投自动；

（3）当吸收了 C_4 的富油进入解吸塔后，塔压将逐渐升高，手动调节 PIC105，维持 PIC105 在 0.5MPa（表），稳定后投自动；

（4）当 T102 温度、压力控制稳定后，手动调节 FIC106 使回流量达到正常值 8.0t/h，投自动；

（5）观察 D103 液位，液位高于 50%时，打开 LIV105 的前后阀，手动调节 LIC105 维持液位在 50%，投自动；

（6）将所有操作指标逐渐调整到正常状态。

任务二　正常停车操作实训

一、停富气进料

（1）关富气进料阀 V1，停富气进料；

（2）富气进料中断后，T101 塔压会降低，手动调节 PIC103，维持 T101 压力高于 1.0MPa（表）；

（3）手动调节 PIC105 维持 T102 塔压力在 0.20MPa（表）左右；

（4）维持 T101→T102→D101 的 C_6 油循环。

二、停吸收塔系统

1. 停 C_6 油进料

（1）停 C_6 油供给泵 P101A（或 P101B）；

（2）关闭 P101A（或 P101B）入、出口阀；

（3）FRC103 置手动，关 FV103 的前、后阀；

（4）手动关 FV103 阀，停 T101 油进料。

此时应注意保持 T101 的压力，压力低时可用氮气充压，否则 T101 塔釜 C_6 油无法排出。

2. 吸收塔系统泄油

（1）LIC101 和 FIC104 置手动，FV104 开度保持 50%，向 T102 泄油；

（2）当 LIC101 液位降至 0 时，关闭 FV108；

（3）打开 V7 阀，将 D102 中的凝液排至 T102 中；

（4）当 D102 液位指示降至 0 时，关 V7 阀；

（5）关 V4 阀，中断盐水停 E101；

（6）手动打开 PV103，吸收塔系统泄压至常压，关闭 PV103。

三、停解吸塔系统

1. 停 C_4 产品出料
富气进料中断后，将 LIC105 置手动，关阀 LV105 及其前、后阀。

2. T102 降温
（1）TIC107 和 FIC108 置手动，关闭 E105 蒸汽阀 FV108，停再沸器 E105；
（2）停止 T102 加热的同时，手动关闭 PIC105 和 PIC104，保持解吸系统的压力。

3. 停 T102 回流
（1）再沸器停用，温度下降至沸点以下后，油不再汽化，当 D103 液位 LIC105 指示小于 10%时，停回流泵 P102A（或 P102B），关 P102A（或 P102B）的入、出口阀；
（2）手动关闭 FV106 及其前、后阀，停 T102 回流；
（3）打开 D103 泄液阀 V19；
（4）当 D103 液位指示下降至 0 时，关 V19 阀。

4. T102 泄油
（1）手动置 LV104 于 50%，将 T102 中的油倒入 D101；
（2）当 T102 液位 LIC104 指示下降至 10%时，关 LV104；
（3）手动关闭 TV103，停 E102；
（4）打开 T102 泄油阀 V18，T102 液位 LIC104 下降至 0 时，关 V18。

5. T102 泄压
（1）手动打开 PV104 至开度 50%，开始 T102 系统泄压；
（2）当 T102 系统压力降至常压时，关闭 PV104。

四、吸收油贮罐 D101 排油
（1）当停 T101 吸收油进料后，D101 液位必然上升，此时打开 D101 排油阀 V10 排污油；
（2）直至 T102 中油倒空，D101 液位下降至 0，关 V10。

任务三　正常工况与事故处理操作实训

一、正常工况操作实训

1. 正常工况操作参数（见表 4-3）

表 4-3　正常工况操作参数

吸收塔顶压力控制 PIC103	1.20MPa（表）
吸收油温度控制 TIC103	5.0℃
解吸塔顶压力控制 PIC105	0.50MPa（表）
解吸塔顶温度	51.0℃
解吸塔釜温度控制 TIC107	102.0℃

2. 补充新油
因为塔顶 C_4 产品中含有部分 C_6 油及其他 C_6 油损失，所以随着生产的进行，要定期观察 C_6 油贮罐 D101 的液位，当液位低于 30%时，打开阀 V9 补充新鲜的 C_6 油。

3. D102 排液
生产过程中贫气中的少量 C_4 和 C_6 组分积累于气液分离罐 D102 中，定期观察 D102 的液位，当液位高于 70%时，打开阀 V7 将凝液排放至解吸塔 T102 中。

4. T102 塔压控制

正常情况下 T102 的压力由 PIC105 通过调节 E104 的冷却水流量控制。生产过程中会有少量不凝气积累于回流罐 D103 中使解吸塔系统压力升高，这时 T102 顶部压力超高保护控制器 PIC104 会自动控制排放不凝气，维持压力不会超高。必要时可手动打开 PV104 至开度 1%~3%来调节压力。

二、事故处理操作实训

1. 冷却水中断

现象：

（1）冷却水流量为 0；

（2）入口管路各阀处于常开状态。

处理：

（1）停止进料，关 V1 阀；

（2）手动关 PV103 保压；

（3）手动关 FV104，停 T102 进料；

（4）手动关 LV105，停出产品；

（5）手动关 FV103，停 T101 回流；

（6）手动关 FV106，停 T102 回流；

（7）关 LIC104 前、后阀，保持液位。

2. 加热蒸汽中断

现象：

（1）加热蒸汽管路各阀开度正常；

（2）加热蒸汽入口流量为 0；

（3）塔釜温度急剧下降。

处理：

（1）停止进料，关 V1 阀；

（2）停 T102 回流；

（3）停 D103 产品出料；

（4）停 T102 进料；

（5）关 PV103 保压；

（6）关 LIC104 前、后阀，保持液位。

3. 仪表风中断

现象：各调节阀全开或全关。

处理：

（1）打开 FRC103 旁路阀 V3；

（2）打开 FIC104 旁路阀 V5；

（3）打开 PIC103 旁路阀 V6；

（4）打开 TIC103 旁路阀 V8；

（5）打开 LIC104 旁路阀 V12；

（6）打开 FIC106 旁路阀 V13；

（7）打开 PIC105 旁路阀 V14；

（8）打开 PIC104 旁路阀 V15；

（9）打开 LIC105 旁路阀 V16；

（10）打开 FIC108 旁路阀 V17。

4. 停电

现象：

（1）泵 P101A（或 P101B）停；

（2）泵 P102A（或 P102B）停。

处理：

（1）打开泄液阀 V10，保持 LI102 液位在 50%；

（2）打开泄液阀 V19，保持 LI105 液位在 70%；

（3）关小加热油流量，防止塔温上升过高；

（4）停止进料，关 V1 阀。

5. 泵 P101A 坏

现象：

（1）FRC103 流量降为 0；

（2）塔顶 C_4 流量上升，温度上升，塔顶压力上升；

（3）塔釜液位下降。

处理：

（1）停 P101A（注：先关泵后阀，再关泵前阀）；

（2）开启 P101B（注：先开泵前阀，再开泵后阀）；

（3）由 FRC103 调至正常值，并投自动。

6. 调节阀 LIC104 卡

现象：

（1）FI107 降至 0；

（2）塔釜液位上升，并可能报警。

处理：

（1）关 LIC104 前、后阀 VI13、VI14；

（2）开 LIC104 旁路阀 V12 至 60% 左右；

（3）调整旁路阀 V12 开度，使液位保持在 50%。

7. 换热器 E103 结垢严重

现象：

（1）调节阀 FIC108 开度增大；

（2）加热蒸汽入口流量增大；

（3）塔釜温度下降，塔顶温度也下降，塔釜 C_4 组分含量上升。

处理：

（1）关闭富气进料阀 V1；

（2）手动关闭产品出料阀 LIC102；

（3）手动关闭再沸器后，清洗换热器 E103。

思考与分析

1. 吸收岗位的操作是在高压、低温的条件下进行的，为什么说这样的操作条件对吸收过程的进行有利？

2. 请从节能的角度对换热器 E103 在本项目中的作用作出评价？

3. 结合本项目的具体情况，说明串级控制的工作原理。

4. 哪些原因会导致富油无法进入解吸塔？应如何调整？

5. 假如本项目的操作已经平稳，这时吸收塔的进料富气温度突然升高，则会导致什么现象？如果造成系统不稳定，吸收塔的塔顶压力上升（塔顶 C_4 增加），哪几种手段可将系统调节至正常？

6. 请分析本项目中的串级控制。如果请你来设计，还有哪些变量间可以通过串级调节控制？这样做的优点是什么？

7. C_6 油贮罐进料阀为一手阀，有没有必要在此设一个调节阀，使进料操作自动化？为什么？

典型反应器仿真操作实训

理解化学反应的特点；
了解化学反应器的种类和分类方法；
对反应器生产过程和常见的故障进行分析、判断、处理。

掌握典型反应器中釜式反应器、固定床反应器、流化床反应器的结构和操作方法，能进行此几类反应器的开车、停车及事故处理等操作；
形成规范化的操作技能及良好的安全理念。

项目一　间歇釜反应器仿真操作实训

一、工作原理简述

间歇釜反应器是化工生产中应用最广泛的反应器，占总反应器用量的90%，可应用于精细化学品、高分子聚合物和生物化工产品的生产。在精细化学品的生产中，几乎所有的单元反应操作都在釜式反应器中进行。

间歇釜反应器的特点：结构简单，加工方便，传质效率高，温度分布均匀，便于控制。根据生产的需要改变工艺条件（温度、浓度、反应时间等），操作灵活性强，便于更换产品的品种，适宜于小批量生产。但此类反应器的突出缺点是生产效率低，间歇操作的辅助时间有时占用比较多的生产时间。

二、工艺流程简介

间歇釜反应器在助剂、制药、染料等行业的生产过程中很常见。本工艺过程的产品（2-巯基苯并噻唑）就是橡胶制品硫化促进剂 DM（2,2'-二硫代苯并噻唑）的中间产品，它本身也是硫化促进剂，但活性不如 DM。

全流程包括备料工序和缩合工序。考虑到突出重点，将备料工序略去。缩合工序共有三种原料：多硫化钠（Na_2S_n）、邻硝基氯苯（$C_6H_4ClNO_2$）及二硫化碳（CS_2）。

主反应如下：

$$2C_6H_4ClNO_2 + Na_2S_n \longrightarrow C_{12}H_8N_2S_2O_4 + 2NaCl + (n-2)S \downarrow$$

$$C_{12}H_8N_2S_2O_4+2CS_2+2H_2O+3Na_2S_n \longrightarrow 2C_7H_4NS_2Na+2H_2S\uparrow+2Na_2S_2O_3+(3n-4)S\downarrow$$

副反应如下：

$$C_6H_4ClNO_2+Na_2S_n+H_2O \longrightarrow C_6H_6NCl+Na_2S_2O_3+(n-2)S\downarrow$$

工艺流程如下：来自备料工序的 CS_2、$C_6H_4ClNO_2$、Na_2S_n 分别注入计量罐及沉淀罐中，经计量、沉淀后利用位差及离心泵压入反应釜中，釜温由夹套中的蒸汽、冷却水及蛇管中的冷却水控制，设有分程控制 TIC101（只控制冷却水），通过控制反应釜温度来控制反应速率及副反应速率，从而获得较高的收率及确保反应过程安全。

在本工艺流程中，主反应的活化能比副反应的活化能要高，因此升温后更有利于提高反应收率。在 90℃时，主反应和副反应的速度比较接近，因此，要尽量延长反应温度在 90℃以上的时间，以获得更多的主反应产物。

三、主要设备、仪表

主要设备如表 5-1 所示。

表 5-1 主要设备一览表

设备位号	设备名称
RX01	间歇反应釜
VX01	CS_2 计量罐
VX02	邻硝基氯苯计量罐
VX03	Na_2S_n 沉淀罐
PUMP1	离心泵

任务一 冷态开车操作实训

一、准备工作

装置开车状态为各计量罐、反应釜、沉淀罐处于常温、常压状态，各种物料均已备好，大部分阀门、机泵处于关停状态（除蒸汽联锁阀外）。

二、备料过程

1. 向沉淀罐 VX03 进料（Na_2S_n）

（1）开阀门 V9，开度约为 50%，向罐 VX03 充液；

（2）VX03 液位接近 3.60m 时，关小 V9，至 3.60m 时关闭 V9；

（3）静置 4min（实际 4h）备用。

2. 向计量罐 VX01 进料（CS_2）

（1）开放空阀 V2；

（2）开溢流阀 V3；

（3）开进料阀 V1，开度约为 50%，向罐 VX01 充液，液位接近 1.4m 时，可关小 V1；

（4）溢流标志变绿后，迅速关闭 V1；

（5）待溢流标志再变红后，可关闭溢流阀 V3。

3. 向计量罐 VX02 进料（邻硝基氯苯）

（1）开放空阀 V6；

（2）开溢流阀 V7；

（3）开进料阀 V5，开度约为 50%，向罐 VX02 充液，液位接近 1.2m 时，可关小 V2；

（4）溢流标志变绿后，迅速关闭 V5；

(5) 待溢流标志再变红后，可关闭溢流阀 V7。

三、进料

1. **微开放空阀 V12，准备进料**
2. **从 VX03 向反应器 RX01 中进料（Na_2S_n）**

（1）打开泵前阀 V10，向进料泵 PUM1 中充液；

（2）打开进料泵 PUM1；

（3）打开泵后阀 V11，向 RX01 中进料；

（4）至液位低于 0.1m 时停止进料，关泵后阀 V11；

（5）关泵 PUM1；

（6）关泵前阀 V10。

3. **从 VX01 向反应器 RX01 中进料（CS_2）**

（1）检查放空阀 V2 开放；

（2）打开进料阀 V4 向 RX01 中进料；

（3）进料完毕后关闭 V4。

4. **从 VX02 向反应器 RX01 中进料（邻硝基氯苯）**

（1）检查放空阀 V6 开放；

（2）打开进料阀 V8 向 RX01 中进料；

（3）进料完毕后关闭 V8。

5. **进料完毕后关闭放空阀 V12**

四、开车阶段

（1）检查放空阀 V12、进料阀 V4、V8、V11 是否关闭，打开联锁控制；

（2）启动反应釜搅拌电动机 M1；

（3）适当打开夹套蒸汽加热阀 V19，观察反应釜内温度和压力上升情况，保持适当的升温速度；

（4）控制反应温度直至反应结束。

五、反应过程控制

（1）当温度升至 55~65℃时关闭 V19，停止通蒸汽加热。

（2）当温度升至 70~80℃时微开 TIC101（冷却水阀 V22、V23），控制升温速度。

（3）当温度升至 110℃以上时，是反应剧烈的阶段，应小心加以控制，防止超温。当温度难以控制时，打开高压水阀 V20，并可关闭搅拌器 M1 以使反应降速。当压力过高时，可微开放空阀 V12 以降低气压，但放空会使 CS_2 损失，污染大气。

（4）反应温度高于 128℃时，相当于压力超过 8atm，已处于事故状态，如联锁开关处于"ON"的状态，则联锁启动（开高压冷却水阀，关搅拌器，关加热蒸汽阀）。

（5）压力超过 15atm（相当于温度高于 160℃）时，反应釜安全阀作用。

任务二　正常停车操作实训

在冷却水量很小的情况下，反应釜的温度下降仍较快，则说明反应接近尾声，可以进行停车出料操作了。

（1）打开放空阀 V12 约 5~10s，放掉釜内残存的可燃气体，关闭 V12。

（2）向釜内通增压蒸汽。

① 打开蒸汽总阀 V15；
② 打开蒸汽加压阀 V13 给釜内升压，使釜内气压高于 4atm。
（3）打开蒸汽预热阀 V14 片刻。
（4）打开出料阀 V16 出料。
（5）出料完毕后开 V16 约 10s 进行吹扫。
（6）关闭出料阀 V16(尽快关闭，超过 1min 不关闭将不能得分)。
（7）关闭蒸汽阀 V15。

任务三　正常工况与事故处理操作实训

一、正常工况操作实训

1. 正常工况操作参数

（1）反应釜中压力不高于 8atm；
（2）冷却水出口温度不低于 60℃，低于 60℃易使硫在反应釜壁和蛇管表面结晶，使传热不畅。

2. 主要工艺生产指标的调整方法

（1）温度调节：操作过程中以温度为主要调节对象，以压力为辅助调节对象。升温慢会引起副反应速率大于主反应速率的时间过长，因而引起反应的产率低。升温快则容易造成反应失控。

（2）压力调节：压力调节主要是通过调节温度实现的，但在超温的时候可以微开放空阀，使压力降低，以达到安全生产的目的。

（3）收率：由于在 90℃以下时，副反应速率大于正反应速率，因此在安全的前提下快速升温是收率高的保证。

二、事故处理操作实训

1. 超温（超压）

原因：反应釜超温（超压）。
现象：温度高于 128℃（气压高于 8atm）。
处理：
（1）开大冷却水，打开高压冷却水阀 V20；
（2）关闭搅拌器 PUM1，使反应速率下降；
（3）如果气压超过 12atm，打开放空阀 V1。

2. 搅拌器 M1 停转

原因：搅拌器坏。
现象：反应速率逐渐下降为低值，产物浓度变化缓慢。
处理：停止操作，出料维修。

3. 蛇管冷却水阀 V22 卡

原因：蛇管冷却水阀 V22 卡。
现象：开大冷却水阀对控制反应釜温度无作用，且出口温度稳步上升。
处理：开冷却水旁路阀 V17 调节。

4. 出料管堵塞

原因：出料管硫黄结晶，堵住出料管。

现象：出料时，内气压较高，但釜内液位下降很慢。

处理：开出料预热蒸汽阀 V14 吹扫 5min 以上（仿真中采用）。拆下出料管用火烧熔硫黄，或更换管段及阀门。

5. 测温电阻连线故障

原因：测温电阻连线断。

现象：温度显示为零。

处理：

（1）改用压力显示对反应进行调节（调节冷却水用量）；

（2）升温至压力为 0.3～0.75atm 就停止加热；

（3）升温至压力为 1.0～1.6atm 开始通冷却水；

（4）压力 3.5～4atm 以上为反应剧烈阶段；

（5）反应压力高于 7atm，相当于温度高于 128℃ 处于故障状态；

（6）反应压力高于 10atm，反应器联锁启动；

（7）反应压力高于 15atm，反应器安全阀启动 (以上压力为表压)。

6. 间歇釜反应器仿真图

间歇釜反应器仿真图 1（见图 5-1）。

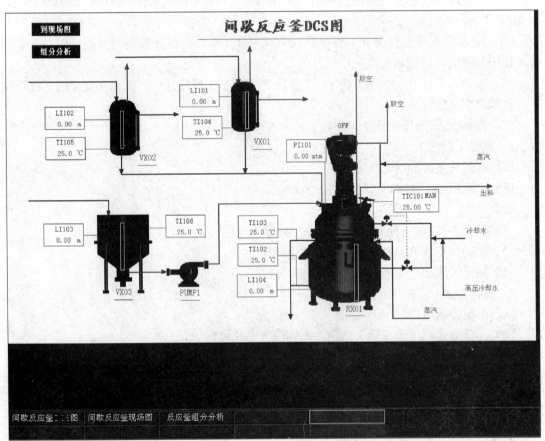

图 5-1　间歇釜反应器仿真图 1

间歇釜反应器仿真图 2（见图 5-2）。

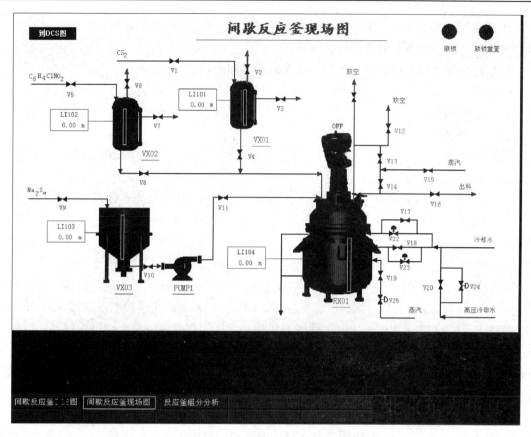

图 5-2　间歇釜反应器仿真图 2

思考与分析

1. 间歇釜反应器的特点是什么？
2. 如何有效提高产品的收率？
3. 反应釜的温度和压力如何控制？
4. 简述产品的出料步骤。
5. 当反应温度低于 90℃ 时，对生产有何影响？为什么？
6. 正常运行过程中要注意哪些问题？
7. 简述装置中联锁的作用。

 **项目二**　　**固定床反应器仿真操作实训**

一、工作原理简述

固定床反应器在化工生产上被广泛应用，固定床中催化剂不易磨损而且可长期使用。更主要的是床层内流体的流动接近于理想置换流动。与理想混合反应器相比，它的反应速率快，可用较少量的催化剂和较小体积的反应器获得较大的生产能力。此外，由于停留时间可以控制，温度分布可以适当调节，因此有利于达到高的转化率和高的选择性。

固定床反应器的缺点：传热性差，催化剂载体又往往是热的不良导体，而化学反应常伴有热效应，反应速率对温度的敏感性强。

固定床反应器分为绝热式（单段式和多段式）和换热式。

一般固定床反应器的操作方法：温度的调节、压力的调节、原料比的控制、空速的控制、催化剂的再生控制。

二、工艺流程简介

本流程为利用催化加氢脱乙炔的工艺。乙炔是通过等温加氢反应器除掉的，反应器温度由壳侧中冷却剂温度控制。

主反应为 $nC_2H_2+2nH_2\longrightarrow (C_2H_6)_n$，该反应是放热反应。每克乙炔反应后放出热量约为 34000kcal(1cal=4.1868J)。温度超过 66℃时副反应为 $2nC_2H_4\longrightarrow (C_4H_8)_n$，该反应也是放热反应。

冷却剂为液态丁烷，通过丁烷蒸发带走反应器中的热量，丁烷蒸气通过冷却水冷凝。

反应原料分两股，一股为约-15℃的以 C_2 为主的烃原料，进料量由流量控制器 FIC1425 控制；另一股为 H_2 与 CH_4 的混合气，温度约 10℃，进料量由流量控制器 FIC1427 控制。FIC1425 与 FIC1427 采用比值控制，两股原料按一定比例在管线中混合后经原料气、反应气换热器 EH423 预热，再经原料气预热器 EH424 预热到 38℃，进入加氢固定床反应器 ER424A（或 ER424B）。预热温度由温度控制器 TIC1466 通过调节预热器 EH424 加热蒸汽(S_3)的流量来控制。

ER424A（或 ER424B）中的反应原料在 2.523MPa、44℃下反应生成 C_2H_6。当温度过高时会发生 C_2H_4 聚合生成 C_4H_8 的副反应。反应器中的热量由反应器壳侧循环的加压 C_4 冷却剂蒸发带走。C_4 蒸气在冷凝器 EH429 中由冷却水冷凝，而 C_4 冷却剂的压力由压力控制器 PIC1426 通过调节 C_4 蒸气冷凝回流量来控制，从而保持 C_4 冷却剂的温度。

本项目复杂控制回路说明如下。

FFI1427 为一比值调节器。根据 FIC1425（以 C_2 为主的烃原料）的流量，按一定的比例，相应调整 FIC1427（H_2）的流量。

比值调节：工业上为了保持两种或两种以上物料的比例为一定值的调节称为比值调节。对于比值调节系统，首先要明确哪种物料是主物料，而另一种物料按主物料来配比。在本项目中，FIC1425（以 C_2 为主的烃原料）为主物料，而 FIC1427（H_2）的量随主物料（C_2 为主的烃原料）量的变化而改变。

三、主要设备、仪表

主要设备如表 5-2 所示。

表 5-2 主要设备一览表

设备位号	设备名称
EH423	原料气、反应气换热器
EH424	原料气预热器
EH429	C_4 蒸气冷凝器
EV429	C_4 闪蒸罐
ER424A、ER424B	C_2X 加氢固定床反应器

任务一 冷态开车操作实训

一、准备工作

装置的开车状态为反应器和闪蒸罐都已进行氮气充压置换，保压在 0.03MPa 状态，可以直接进行实气充压置换。

二、EV429 闪蒸器充丁烷

（1）确认 EV429 压力为 0.03 MPa；
（2）打开 EV429 回流阀 PV1426 的前、后阀 VV1429、VV1430；
（3）调节 PV1426(PIC1426)阀开度为 50%；
（4）EH429 通冷却水，打开 KXV1430；
（5）打开 EV429 的丁烷进料阀 KXV1420，开度为 50%；
（6）当 EV429 液位到达 50% 时，关进料阀 KXV1420。

三、ER424A 反应器充丁烷

1. 确认事项

（1）反应器 0.03MPa 保压；
（2）EV429 液位达到 50%。

2. 充丁烷

打开丁烷冷却剂进 ER424A 壳层的阀门 KXV1422、KXV1423，有液体流过，充液结束；同时打开出 ER424A 壳层的阀门 KXV1425、KXV1427。

四、ER424A 启动

1. 启动前的准备工作

（1）ER424A 壳层有液体流过；
（2）打开 S_3 蒸气进料控制 TIC1466；
（3）调节 PIC1426 设定，压力控制设定在 0.4MPa；
（4）乙炔原料进料控制 FIC1425 设手动，开度为 0。

2. ER424A 充压、实气置换

（1）打开 FIC1425 的前、后阀 VV1425、VV1426 和 KXV1411、KXV1412；
（2）打开阀 KXV1408、KXV1418；
（3）微开 ER424A 的出料阀 KXV1413、丁烷进料控制 FIC1425(手动)，慢慢增加进料，提高反应器压力，充压至 2.523MPa；
（4）慢开 ER424A 出料阀 KXV1413，充压至压力平衡，进料阀开度应为 50%，出料阀开度稍低于 50%；
（5）乙炔原料进料控制 FIC1425 设自动，设定值为 56186.8 kg/h。

3. ER424A 配氢，调整丁烷冷却剂压力

（1）稳定反应器入口温度在 38.0℃，使 ER424A 升温；
（2）当反应器温度接近 38.0℃(超过 35.0℃)时，准备配氢，打开 FV1427 的前、后阀 VV1427、VV1428；
（3）氢气进料控制 FIC1427 设自动，流量设定为 80 kg/h；
（4）观察反应器温度变化，当氢气量稳定后，FIC1427 设手动；
（5）缓慢增加氢气量，注意观察反应器温度变化；

(6) 氢气流量控制阀开度每次增加不超过 5%；
(7) 氢气量最终加至 200 kg/h 左右，此时 H_2 与 C_2H_2 的流量比为 2.0，FIC1427 投串级；
(8) 控制反应器温度在 44.0℃ 左右。

任务二　正常停车操作实训

一、正常停车

(1) 关闭氢气进料，关 VV1427、VV1428，FIC1427 设自动，设定值为 0；
(2) 关闭加热器 EH424 蒸气进料，TIC1466 设手动，开度为 0；
(3) 闪蒸罐冷凝回流控制 PIC1426 设手动，开度为 100%；
(4) 逐渐减少乙炔进料，开大 EH429 冷却水进料；
(5) 逐渐降低反应器温度、压力，至常温、常压；
(6) 逐渐降低闪蒸罐温度、压力，至常温、常压。

二、紧急停车

(1) 与停车操作规程相同；
(2) 也可按紧急停车按钮（在现场操作图上）。

联锁说明：该单元有一联锁。

联锁源：
① 现场手动紧急停车(紧急停车按钮)；
② 反应器温度高报[TI1467A（或 TI1467B）>66℃]。

联锁动作：
① 关闭氢气进料，FIC1427 设手动；
② 关闭加热器 EH424 蒸气进料，TIC1466 设手动；
③ 闪蒸罐冷凝回流控制 PIC1426 设手动，开度为 100%；
④ 自动打开电磁阀 XV1426。

该联锁有一复位按钮。

注：在复位前，应首先确定反应器温度已降回正常，同时处于手动状态的各控制点应设成最低值。

任务三　正常工况与事故处理操作实训

一、正常工况操作实训

1. 正常工况操作参数

(1) 正常运行时，反应器温度为 44.0℃，压力控制在 2.523MPa；
(2) FIC1425 设自动，设定值为 56186.8 kg/h，FIC1427 设串级；
(3) PIC1426 压力控制在 0.4MPa，EV429 温度控制在 38.0℃；
(4) TIC1466 设自动，设定值为 38.0℃；
(5) ER424A 出口氢气浓度低于 50×10^{-6}，乙炔浓度低于 200×10^{-6}。

2. ER424A 与 ER424B 间切换

(1) 关闭氢气进料；
(2) ER424A 温度下降至低于 38.0℃ 后，打开 C_4 冷却剂进 ER424B 的阀 KXV1424、

KXV1426，关闭 C$_4$ 冷却剂进 ER424A 的阀 KXV1423、KXV1425；

（3）开 C$_2$H$_2$ 进 ER424B 的阀 KXV1415，微开 KXV1416，关 C$_2$H$_2$ 进 ER424A 的阀 KXV1412。

3. ER424B 的操作

ER424B 的操作与 ER424A 相同。

二、事故处理操作实训

1. 氢气进料阀卡

原因：FIC1427 卡在 20％处。

现象：氢气量无法自动调节。

处理：

（1）降低 EH429 冷却水的量；

（2）用旁路阀 KXV1404 手工调节氢气量。

2. 预热器 EH424 阀卡

原因：TIC1466 卡在 70％处。

现象：换热器出口温度超高。

处理：

（1）增加 EH429 冷却水的量；

（2）减少配氢量。

3. 闪蒸罐压力调节阀卡

原因：PIC1426 卡在 20％处。

现象：闪蒸罐压力、温度超高。

处理：

（1）增加 EH429 冷却水的量；

（2）用旁路阀 KXV1434 手工调节。

4. 反应器漏气

原因：反应器漏气，KXV1414 卡在 50％处。

现象：反应器压力迅速降低。

处理：停工。

5. EH429 冷却水进口阀卡

原因：KXV30 卡在 10％处。

现象：闪蒸罐压力、温度超高。

处理：停工。

6. 反应器超温

原因：KXV22 卡在 0 处。

现象：反应器温度超高，会引发乙烯聚合的副反应。

处理：增加 EH429 冷却水的量。

7. 固定床反应器 DCS 流程图

固定床反应器 DCS 流程图（见图 5-3）。

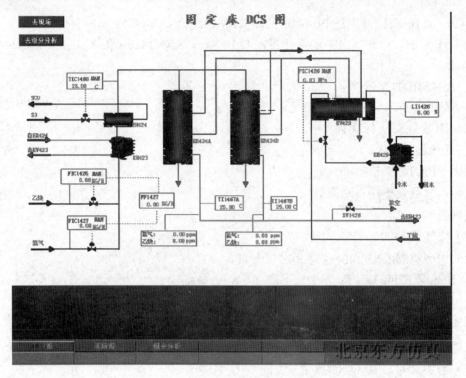

图 5-3　固定床反应器 DCS 流程图

8. 固定床反应器现场图

固定床反应器现场图（见图 5-4）。

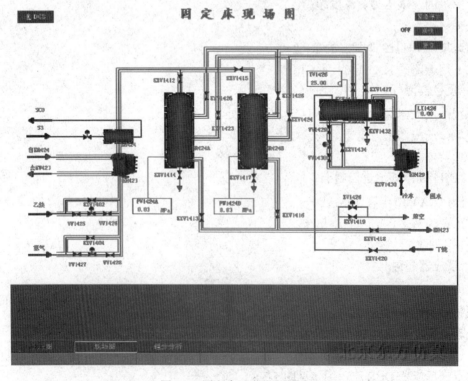

图 5-4　固定床反应器现场图

思考与分析

1. 结合本项目说明比值调节的工作原理。
2. 为什么根据乙炔的进料量调节配氢气的量,而不是根据氢气的量调节乙炔的进料量?
3. 根据本项目的实际情况,说明反应器冷却剂的自循环原理。
4. 观察 EH429 冷却器的冷却水中断造成的结果。
5. 结合本项目的实际情况,理解联锁和联锁复位的概念。

项目三　　流化床反应器仿真操作实训

一、工作原理简述

流化床反应器是固定流态化技术在化学反应器中的具体应用,很高的传热效应和很大的流体与固体接触面积使得床层的温度分布均匀,反应过程可在最佳温度点操作。因此,生产能力大大提高。

流化床反应器的特点如下:
（1）颗粒剧烈搅动和混合,整个床层处于恒温状态,可在最佳温度点操作;
（2）床热强度高,适宜于强吸热和放热效应;
（3）颗粒比较细小,有效系数高,可减少催化剂用量,更换催化剂方便;
（4）压降恒定,不易被异物堵塞;
（5）返混较严重,不宜用于高转化率过程;
（6）设备精度要求较高。

流化床反应器有两种形式:散式流化床、聚式流化床。

流化床反应器的基本概念:临界流化速度、操作速度、颗粒带出速度、压力降。

流化床反应器常见的不正常现象:沟流、大起泡现象、腾涌现象。

反应机理:乙烯、丙烯以及反应混合气在一定的温度（70℃）、一定的压力（1.35MPa）下,通过具有剩余活性的干均聚物（聚丙烯）的引发,在流化床反应器里进行反应,同时加入氢气以改善共聚物的本征黏度,生成高抗冲击共聚物。

主要原料:乙烯、丙烯、具有剩余活性的干均聚物（聚丙烯）、氢气。

主产物:高抗冲击共聚物（具有乙烯和丙烯单体的共聚物）。

副产物:无。

反应方程式: $n\text{C}_2\text{H}_4 + n\text{C}_3\text{H}_6 \longrightarrow \text{┤}\text{C}_2\text{H}_4\text{—}\text{C}_3\text{H}_6\text{├}_n$

二、工艺流程简介

该流化床反应器基于 HIMONT 工艺本体聚合装置设计,用于生产高抗冲击共聚物。具有剩余活性的干均聚物（聚丙烯）,在压差作用下自闪蒸罐 D301 流到气相共聚反应器 R401。

在气体分析仪的控制下,氢气被加到乙烯进料管道中,以改进聚合物的本征黏度,满足加工需要。

聚合物从顶部进入流化床反应器，落在流化床的床层上。流化气体（反应单体）通过一个特殊设计的栅板进入反应器。

由反应器底部出口管路上的控制阀来维持聚合物的料位。聚合物料位决定了停留时间，从而决定了聚合反应的程度，为了避免过度聚合的鳞片状产物堆积在反应器壁上，反应器内配置一转速较慢的刮刀，以使反应器壁保持干净。

栅板下部夹带的聚合物细末，用一台小型旋风分离器 S401 除去，并送到下游的袋式过滤器中。

所有未反应的单体循环返回到流化压缩机的吸入口。

来自乙烯汽提塔顶部的回收气与气相反应器出口的循环单体汇合，而补充的氢气、乙烯和丙烯加入到压缩机排出口。

循环气体用工业色谱仪进行分析，调节氢气和丙烯的补充量。

调节补充的丙烯进料量以保证反应器的进料气体满足工艺要求。

用脱盐水作为冷却介质，用一台立式列管式换热器将聚合反应热带出。该换热器位于循环气体压缩机之前。

共聚物的反应压力约为 1.4MPa(表)，温度为 70℃。注意，该系统压力位于闪蒸罐压力和袋式过滤器压力之间，从而在整个聚合物管路中形成一定的压力梯度，以避免容器间物料的返混并使聚合物向前流动。

流化床反应器工艺流程图：流化床反应器 DCS 图如图 5-5 所示，流化床反应器现场图如图 5-6 所示。

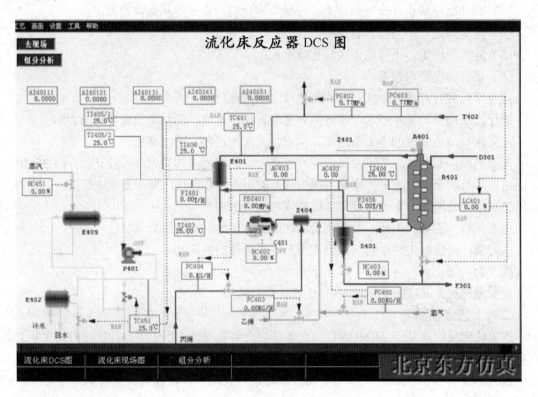

图 5-5 流化床反应器 DCS 图

模块五 典型反应器仿真操作实训

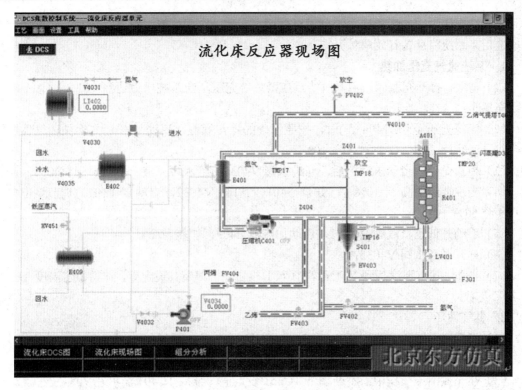

图 5-6 流化床反应器现场图

三、主要设备、仪表

主要设备如表 5-3 所示。

表 5-3 主要设备一览表

设备位号	设备名称
A401	R401 的刮刀
C401	R401 循环压缩机
E401	R401 气体冷却器
E409	夹套水加热器
P401	开车加热泵
R401	共聚反应器
S401	R401 旋风分离器

参数说明如下。

AI40111：反应产物中 H_2 的含量。
AI40121：反应产物中 C_2H_4 的含量。
AI40131：反应产物中 C_2H_6 的含量。
AI40141：反应产物中 C_3H_6 的含量。
AI40151：反应产物中 C_3H_8 的含量。

任务一 冷态开车操作实训

一、准备工作

准备工作包括：系统中用氮气充压，循环加热氮气，随后用乙烯对系统进行置换（按照实际正常的操作,用乙烯置换系统要进行两次,考虑到时间关系,只进行一次)。这一过程完成之后,系统将准备开始单体开车。

1. 系统氮气充压加热

(1)充氮:打开充氮阀,用氮气给反应器系统充压,当系统压力达到0.7MPa(表)时,关闭充氮阀;

(2)当氮充压至0.1MPa(表)时,按照正确的操作规程,启动C401共聚循环气体压缩机,将导流叶片(HIC$_4$O$_2$)设定在40%;

(3)环管充液:启动压缩机后,开进水阀V4030,给水罐充液,开氮封阀V4031;

(4)当水罐液位高于10%时,开泵P401入口阀V4032,启动泵P401,调节泵出口阀V4034至60%开度;

(5)手动开低压蒸汽阀HC451,启动加热器E409,加热循环氮气;

(6)打开循环水阀V4035;

(7)当循环氮气温度达到70℃时,TC451投自动,调节其设定值,维持氮气温度TC401在70℃左右。

2. 氮气循环

(1)当反应系统压力达到0.7MPa时,关充氮阀;

(2)在不停压缩机的情况下,用PIC402和排放阀给反应系统泄压至0(表);

(3)在充氮泄压操作中,不断调节TC451设定值,维持TC401温度在70℃左右。

3. 乙烯充压

(1)当系统压力降至0(表)时,关闭排放阀;

(2)由FC403开始乙烯进料,乙烯进料量设定在567.0kg/h时投自动调节,乙烯使系统压力充至0.25MPa(表)。

二、干态运行开车

本规程旨在聚合物进入之前,使共聚反应系统具备合适的单体浓度,另外通过该步骤也可以在实际工艺条件下,预先对仪表进行操作和调节。

1. 反应进料

(1)当乙烯充压至0.25MPa(表)时,启动氢气的进料阀FC402,氢气进料量设定在0.102kg/h,FC402投自动控制;

(2)当系统压力升至0.5MPa(表)时,启动丙烯进料阀FC404,丙烯进料量设定在400kg/h,FC404投自动控制;

(3)打开自乙烯汽提塔来的进料阀V4010;

(4)当系统压力升至0.8MPa(表)时,打开旋风分离器S401底部阀HC403至20%开度,维持系统压力缓慢上升。

2. 准备接收D301来的均聚物

(1)当AC402和AC403平稳后,调节HC403开度至25%;

(2)启动共聚反应器的刮刀,准备接收从闪蒸罐D301来的均聚物。

三、共聚反应物的开车

(1)确认系统温度TC451维持在70℃左右;

(2)当系统压力升至1.2MPa(表)时,开大HC403使其开度在40%,使LV401开度在10%~15%,以维持流态化;

(3) 打开来自 D301 的聚合物进料阀。

四、稳定状态的过渡

1. 反应器的液位

(1) 随着 R401 料位的升高,系统温度将升高,及时降低 TC451 的设定值,不断取走反应热,维持 TC401 温度在 70℃左右;

(2) 调节反应系统压力在 1.35MPa(表)时,PC402 自动控制;

(3) 当液位达到 60%时,将 LC401 设置投自动;

(4) 随着系统压力的提高,料位将缓慢下降,PC402 调节阀自动开大,为了维持系统压力在 1.35MPa,缓慢提高 PC402 的设定值至 1.40MPa(表);

(5) 当 LC401 在 60%投自动控制后,调节 TC451 的设定值,待 TC401 稳定在 70℃左右时,TC401 与 TC451 串级控制。

2. 反应器压力和气相组成控制

(1) 压力和组成趋于稳定时,将 LC401 和 PC403 投串级;

(2) FC404 和 AC403 串级连接;

(3) FC402 和 AC402 串级连接。

任务二　正常停车操作实训

一、降反应器料位

(1) 关闭催化剂来料阀 TMP20;

(2) 手动缓慢调节反应器料位。

二、关闭乙烯进料,保压

(1) 当反应器料位降至 10%时,关乙烯进料;

(2) 当反应器料位降至 0 时,关反应器出口阀;

(3) 关旋风分离器 S401 上的出口阀。

三、关闭丙烯及氢气进料

(1) 手动切断丙烯进料阀;

(2) 手动切断氢气进料阀;

(3) 排放导压至火炬;

(4) 停反应器刮刀 A401。

四、氮气吹扫

(1) 将氮气加入该系统;

(2) 当压力达到 0.35MPa 时放火炬;

(3) 停压缩机 C401。

任务三　正常工况与事故处理操作实训

一、正常工况操作实训

正常工况操作参数如下。

FC402：调节氢气进料量（与 AC402 串级）	正常值：0.35kg/h
FC403：单回路调节乙烯进料量	正常值：567.0kg/h
FC404：调节丙烯进料量（与 AC403 串级）	正常值：400.0kg/h
PC402：单回路调节系统压力	正常值：1.4MPa

PC403：主回路调节系统压力　　　　　　　　正常值：1.35MPa
LC401：反应器料位（与 PC403 串级）　　　　正常值：60%
TC401：主回路调节循环气体温度　　　　　　正常值：70℃
TC451：分程调节取走反应热量（与 TC401 串级）　正常值：50℃
AC402：主回路调节反应产物中 H_2 与 C_2 量之比　正常值：0.18
AC403：主回路调节反应产物中 C_2 与 C_3 和 C_2 量之比　正常值：0.38

二、事故处理操作实训

1. 泵 P401 停
原因：运行泵 P401 停。
现象：温度调节器 TC451 急剧上升，然后 TC401 随之升高。
处理：
（1）调节丙烯进料阀 FV404，增加丙烯进料量；
（2）调节压力调节器 PC402，维持系统压力；
（3）调节乙烯进料阀 FV403，维持 C_2 与 C_3 量之比。

2. 压缩机 C401 停
原因：压缩机 C401 停。
现象：系统压力急剧上升。
处理：
（1）关闭催化剂来料阀 TMP20；
（2）手动调节 PC402，维持系统压力；
（3）手动调节 LC401，维持反应器料位。

3. 丙烯进料停
原因：丙烯进料阀卡。
现象：丙烯进料量为 0。
处理：
（1）手动关小乙烯进料量，维持 C_2 与 C_3 量之比；
（2）关催化剂来料阀 TMP20；
（3）手动关小 PV402，维持压力；
（4）手动关小 LC401，维持料位。

4. 乙烯进料停
原因：乙烯进料阀卡。
现象：乙烯进料量为 0。
处理：
（1）手动关丙烯进料，维持 C_2 与 C_3 量之比；
（2）手动关小氢气进料，维持 H_2 与 C_2 量之比。

5. 催化剂停
原因：催化剂阀关。
现象：催化剂阀显示关闭状态。
处理：
（1）手动关闭 LV401；

（2）手动关小丙烯进料；
（3）手动关小乙烯进料；
（4）手动调节压力。

思考与分析

1. 在开车及运行过程中，为什么一直要保持氮封？
2. 熔融指数(MFR)表示什么？氢气在共聚过程中起什么作用？试描述 AC402 指示值与 MFR 的关系？
3. 气相共聚反应的温度为什么绝对不能偏离所规定的温度？
4. 气相共聚反应的停留时间是如何控制的？
5. 气相共聚反应器的流态化是如何形成的？
6. 冷态开车时，为什么要首先进行系统氮气充压加热？
7. 什么叫流化床？与固定床相比有什么特点？
8. 请解释以下概念：共聚、均聚、气相聚合、本体聚合。
9. 请简述本培训项目所选流程的反应机理。

典型化工生产仿真操作实训

理解各类典型化工产品的生产、反应原理、工艺流程;
了解各类工艺设备、控制仪表;
学习生产中常见事故的现象分析、判断、处理方法。

能进行各类典型化工产品的各项操作,形成对生产过程中事故现象的分析、判断能力,以及对不正常现象或事故果断的处理能力,具备阅读复杂工艺流程图的能力;

规范操作的习惯,强烈的责任心,安全操作、安全生产的理念,通力协作的团队精神,高尚的职业道德。

项目一 合成氨生产仿真操作实训

一、工作原理简述

生产合成氨包括下列三大步骤。

(1) 造气:制备合成氨的原料气。原料氮气来源于空气。原料氢气则来源于含氢和一氧化碳的合成气,因此主要以天然气、石脑油、重质油和煤等为原料。

(2) 净化:将原料气进行净化处理。从燃料化工得到的原料气中含有硫化物和碳的氧化物,这些物质对合成氨的催化剂有毒性作用,在氨合成前要经过净化脱除。净化包括脱硫、交换及脱酸三个过程。

(3) 合成:将原料气化学合成为氨。净化的氢、氮混合气体经压缩后,在适宜的条件下催化反应生成氨。反应后将氨分离出来作为产品,未反应的氢、氮经过分离,再循环使用。

二、工艺流程简介

1. 合成系统

从甲烷化来的新鲜气(40℃、2.6MPa、$H_2:N_2=3:1$)先经压缩前分离罐(104-F)进合成气压缩机(103-J)低压段,出低压段的新鲜气先经 136-C 用甲烷化进料气冷却至 93.3℃,再经水冷器(116-C)冷却至 38℃,最后经氨冷器(129-C)冷却至 7℃,然后与回收来的氢气混合进入中间分离罐(105-F),从中间分离罐出来的氢、氮气再进合成气压缩机高压段。

合成回路来的循环气与经高压段压缩后的氢、氮气混合后进压缩机循环段，从循环段出来的合成气进合成系统水冷器(124-C)。经 124-C 冷却后气体分为两股，一股经一、二级氨冷器(117-C 和 118-C)冷却，另一股进并联交换器(120-C)与分离氨后的冷气换热，然后两股气流合并进三级氨冷器(119-C)冷却至-23.3℃进氨分离器(106-F)分离液氨，液氨送往冷冻中间闪蒸罐(107-F)，106-F 分离氨后的气体进并联换热器(120-C)回收冷量后再进合成气热交换器(121-C)升温至 141℃进氨合成塔(105-D)进行反应。出合成塔的气体经锅炉给水预热器(123-C)回收热量后再进合成气热交换器(121-C)预热入塔合成气，出 121-C 的反应气进合成气压缩机(103-J)循环段重复上述循环。

弛放气在进(103-J)前抽出，经过弛放气氨冷器(125-C)冷却及弛放气分离器(108-F)分出冷凝液氨后送往氢回收装置，108-F 分出的液氨送往冷冻的中间闪蒸罐(107-F)。

2. 冷冻系统

合成系统来的液氨进入中间闪蒸罐(107-F)，闪蒸出的不凝性气体作为燃料气送一段炉燃烧。液氨减压后送至三级闪蒸罐(112-F)进一步闪蒸后，作为冷冻用的液氨进入系统中。冷冻的一、二、三级闪蒸罐操作压力分别为 0.4MPa(G)、0.16MPa(G)、0.0028MPa(G)，三台闪蒸罐与合成系统中的第一、二、三级氨冷器相对应，它们是按热缸吸原理进行冷冻蒸发循环操作的。液氨由各闪蒸罐流入对应的氨冷器，吸热后的液氨蒸发形成的气液混合物又回到各闪蒸罐进行气液分离，气氨分别进氨压缩机(105-J)各段汽缸，液氨分别进各氨冷器。

由液氨接收槽(109-F)来的液氨逐级减压后补入到各闪蒸罐。一级闪蒸罐(110-F)出来的液氨除送第一氨冷器(117-C)外，另一部分作为合成气压缩机(103-J)一段出口的氨冷器(129-C)和闪蒸罐氨冷器(126-C)的冷源。氨冷器(129-C 和 126-C)蒸发的气氨进入二级闪蒸罐(111-F)，110-F 多余的液氨送往 111-F。111-F 的液氨除送第二氨冷器(118-C)和弛放气氨冷器(125-C)作为冷冻剂外，其余部分送往三级闪蒸罐(112-F)。112-F 的液氨除送 119-C 外，还可以由冷氨产品泵(109-J)作为冷氨产品送液氨贮槽贮存。

由三级闪蒸罐(112-F)出来的气氨进入氨压缩机(105-J)一段压缩，一段出口与 111-F 来的气氨汇合进入二段压缩，二段出口气氨先经压缩机中间冷却器(128-C)冷却后，与 110-F 来的气氨汇合进入三段压缩，三段出口的气氨经氨冷凝器(127-CA、127-CB)，冷凝的液氨进入接收槽(109-F)。109-F 中的闪蒸气去闪蒸罐氨冷器(126-C)，冷凝分离出来的液氨流回 109-F，不凝气作为燃料气送一段炉燃烧。109-F 中的液氨一部分减压后送至一级闪蒸罐(110-F)，另一部分作为热氨产品经热氨产品泵(1-BP-1 或 1-BP-2)送往尿素装置。

三、主要设备、仪表

1. 合成氨系统（见表 6-1）

（1）反应器：105-D；

（2）炉子：102-B；

（3）换热器：124-C、120-C、121-C、117-C（管侧）、118-C（管侧）、119-C（管侧）、123-C、125-C（管侧）；

（4）分离罐：105-F、106-F、108-F；

（5）压缩机：103-J（工艺管线）。

2. 冷冻系统（见表 6-2）

（1）换热器：127-C、147-C、117-C（壳侧）、129-C（壳侧）、118-C（壳侧）、119-C（壳侧）、125-C（壳侧）；

（2）分离罐：107-F、109-F、110-F、111-F、112-F；

（3）泵：1-BP-1（1-BP-2）、109-JA（109-JB）；

（4）压缩机：105-J（工艺管线）。

表 6-1　合成氨系统

回路名称	回路描述	工程单位	设定值	输出
PIC182	104-F 压力控制	MPa	2.6	50
PRC6	103-J 转速控制	MPa	2.6	50
PIC194	107-F 压力控制	MPa	10.5	50
FIC7	104-F 抽出流量控制	kg/h	11700	50
FIC8	105-F 抽出流量控制	kg/h	12000	50
FIC14	压缩机总抽出控制	kg/h	67000	50
LICA14	121-F 罐液位控制	%	50	50

表 6-2　冷冻系统

回路名称	回路描述	工程单位	设定值	输出
PIC7	109-F 压力控制	MPa	1.4	50
PICA8	107-F 压力控制	MPa	1.86	50
PRC9	112-F 压力控制	kPa	2.8	50
FIC9	112-F 抽出氨气体流量控制	kg/h	24000	0
FIC10	111-F 抽出氨气体流量控制	kg/h	19000	0
FIC11	110-F 抽出氨气体流量控制	kg/h	23000	0
FIC18	109-F 液氨产量控制	kg/h	50	50
LICA15	109-F 罐液位控制	%	50	50
LICA16	110-F 罐液位控制	%	50	50
LICA18	111-F 罐液位控制	%	50	50
LICA19	112-F 罐液位控制	%	50	50
LICA12	107-F 罐液位控制	%	50	50

任务一　冷态开车操作实训

一、合成系统开车

（1）投用 LSH109(104-F 液位低联锁)、LSH111（105-F 液位低联锁）；

（2）打开 SP71，把工艺气引入 104-F，PIC182 设置在 2.6MPa 投自动；

（3）显示合成塔压力的仪表换为低量程表（图 6-1 现场合成塔旁）；

（4）投用 124-C(图 6-1 现场开阀 VX0015 进冷却水)、123-C(图 6-1 现场开阀 VX0016 进锅炉水预热合成塔塔壁)、116-C(图 6-1 现场开阀 VX0014)，打开阀 VV077、VV078，投用 SP35(图 6-1 现场合成塔底右部进口处)；

（5）按 103-J 复位，然后启动 103-J（现场启动按钮），开泵 117-J 注液氨（在冷冻系统图的现场画面）；

（6）开 MCV23、HCV11，把工艺气引入合成塔 105-D，合成塔充压；

（7）逐渐关小防喘振阀 FIC7、FIC8、FIC14（在该仿真系统中，不考虑这三个阀门）；

（8）开 SP1 旁路阀 VX0036 均压后（一小段时间），开 SP1，开 SP72（在合成塔图画面上）及 SP72 前旋塞阀 VX0035（在图 6-1 现场）；

（9）当合成塔压力达到 1.4MPa 时换高量程压力表（图 6-1 现场合成塔旁）；

（10）关 SP1 旁路阀 VX0036，关 SP72 及前旋塞阀 VX0035，关 HCV11；

（11）开 PIC194 设定在 10.5MPa，投自动（见图 6-2，108-F 出口调节阀）；

（12）开入 102-B 旋塞阀 VV048，开 SP70；

（13）开 SP70 前旋塞阀 VX0034，使工艺气循环起来；

（14）打开 108-F 顶 MIC18 阀，开度为 100%（见图 6-2）；

（15）投用 102-B 联锁 FSL85；

（16）打开 MIC17 进燃料气，102-B 点火（见图 6-2），合成塔开始升温；

（17）开阀 MIC14 调节合成塔中层温度，开阀 MIC15、MIC16，控制合成塔下层温度；

（18）停泵 117-J，停止向合成塔注液氨；

（19）PICA8 设定在 1.68MPa 投自动；

（20）LIC14 设定在 50%投自动(见图 6-2)，LICA13 设定在 40%投自动(见图 6-1)；

（21）当合成塔入口温度达到反应温度 380℃时，关 MIC17，102-B 熄火，同时打开阀门 HCV11 预热原料气；

（22）关入 102-B 旋塞阀 VV048，现场打开氢气补充阀 VV060；

（23）开 MIC13 进冷激气调节合成塔上层温度；

（24）106-F 液位 LICA13 达 50%时，开阀 LCV13，把液氨引入 107-F。

二、冷冻系统开车

（1）投用 LSH116(109-F 液位低联锁)、LSH118(110-F 液位低联锁)、LSH120(111-F 液位低联锁)、PSH840、PSH841 联锁；

（2）投用 127-C (现场开阀 VX0017 进冷却水)；

（3）打开 109-F 充液氨阀门 VV066，建立 80%液位（LICA15 至 80%）后关充液阀；

（4）PIC7 设定 1.4MPa，投自动；

（5）开三个制冷阀(在现场图开阀 VX0005、VX0006、VX0007)；

（6）按 105-J 复位按钮，然后启动 105-J（在现场图开启动按钮），开出口总阀 VV084；

（7）开 127-C 壳侧排放阀 VV067；

（8）开阀 LCV15 建立 110-F 液位；

（9）开出 129-C 的截止阀 VV086（在现场图）；

（10）开阀 LCV16 建立 111-F 液位，开阀 LCV18 建立 112-F 液位；

（11）投用 125-C（打开阀门 VV085）；

（12）当 107-F 有液位时开 MIC24，向 111-F 送氨；

（13）开 LCV12 向 112-F 送氨；

（14）关制冷阀(在现场图关阀 VX0005、VX0006、VX0007)；

（15）当 112-F 液位达 20%时，启动 109-J 向外输送冷氨；

（16）当 109-F 液位达 50%时，启动 1-BP 向外输送热氨。

任务二　正常停车操作实训

一、合成系统停车

（1）关阀 MIC18 弛放气(见图 6-2 108-F 顶)；

（2）停泵 1-BP-1 或 1-BP-2（见图 6-1）；

（3）工艺气由 MIC25 放空（见图 6-1），103-J 降转速；

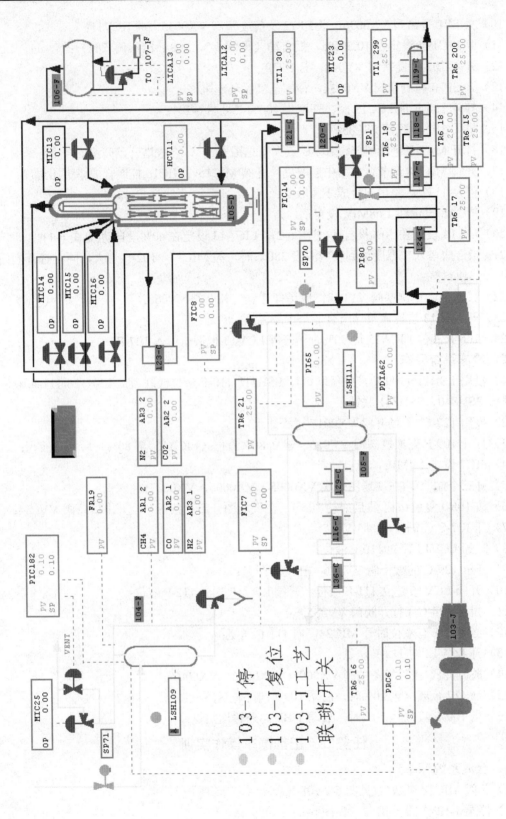

图 6-1 合成系统现场图

模块六 典型化工生产仿真操作实训

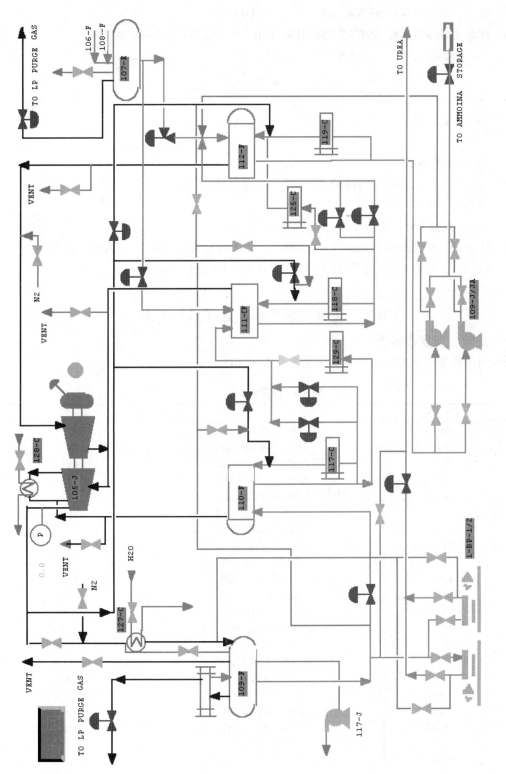

图 6-2 冷冻系统现场图

(4）依次打开 FCV14、FCV8、FCV7，注意防喘振；

(5）逐渐关闭 MIC14、MIC15、MIC16、MIC11、MIC12 合成塔降温；

(6）106-F 液位 LICA13 降至 5%时，关 LCV13；

(7）108-F 液位 LICA14 降至 5%时，关 LCV14；

(8）关 SP1、SP70；

(9）停 125-C、129-C（现场关阀 VV085、VV086）；

(10）停 103-J。

二、冷冻系统停车

(1）渐关阀 FV11，105-J 降转速；

(2）关 MIC24；

(3）107-F 液位 LICA12 降至 5%时关 LCV12；

(4）现场开三个制冷阀 VX0005、VX0006、VX0007，提高温度，蒸发剩余液氨；

(5）待 112-F 液位 LICA19 降至 5%时，停泵 109-JA（或 109-JB）；

(6）停 105-J 。

任务三　正常工况与事故处理操作实训

一、正常工况操作实训

合成岗位温度、压力、流量设计值见表 6-3~表 6-5。

表 6-3　温度设计值

序号	位　号	说　明	设计值/℃
1	TR6-15	出 103-J 二段工艺气温度	120
2	TR6-16	入 103-J 一段工艺气温度	40
3	TR6-17	工艺气经 124-C 后温度	38
4	TR6-18	工艺气经 117-C 后温度	10
5	TR6-19	工艺气经 118-C 后温度	−9
6	TR6-20	工艺气经 119-C 后温度	−23.3
7	TR6-21	入 103-J 二段工艺气温度	38
8	TI1-28	工艺气经 123-C 后温度	166
9	TI1-29	工艺气进 119-C 温度	−9
10	TI1-30	工艺气进 120-C 温度	−23.3
11	TI1-31	工艺气出 121-C 温度	140
12	TI1-32	工艺气进 121-C 温度	23.2
13	TI1-35	107-F 罐内温度	−23.3
14	TI1-36	109-F 罐内温度	40
15	TI1-37	110-F 罐内温度	4
16	TI1-38	111-F 罐内温度	−13
17	TI1-39	112-F 罐内温度	−33
18	TI1-46	合成塔一段入口温度	401
19	TI1-47	合成塔一段出口温度	480.8
20	TI1-48	合成塔二段中温度	430
21	TI1-49	合成塔三段入口温度	380
22	TI1-50	合成塔三段中温度	400
23	TI1-84	开工加热炉 102-B 炉膛温度	800
24	TI1-85	合成塔二段中温度	430

续表

序号	位 号	说 明	设计值/℃
25	TI1-86	合成塔二段入口温度	419.9
26	TI1-87	合成塔二段出口温度	465.5
27	TI1-88	合成塔二段出口温度	465.5
28	TI1-89	合成塔三段出口温度	434.5
29	TI1-90	合成塔三段出口温度	434.5
30	TR1-113	工艺气经102-B后进塔温度	380
31	TR1-114	合成塔一段入口温度	401
32	TR1-115	合成塔一段出口温度	480
33	TR1-116	合成塔二段中温度	430
34	TR1-117	合成塔三段入口温度	380
35	TR1-118	合成塔三段中温度	400
36	TR1-119	合成塔塔顶气体出口温度	301
37	TRA1-120	循环气温度	144
38	TR5-(13-24)	合成塔105-D塔壁温度	140.0

表6-4 重要压力设计值

序号	位 号	说 明	设计值/MPa
1	PI59	108-F罐顶压力	10.5
2	PI65	103-J二段入口流量	6.0
3	PI80	103-J二段出口流量	12.5
4	PI58	109-J（或109-JA）后压	2.5
5	PR62	1-3P-1（或1-BP-2）后压	4.0
6	PDIA62	103-J二段压差	5.0

表6-5 重要流量设计值

序号	位 号	说 明	设计值/kg/h
1	FR19	104-F的抽出量	11000
2	FI62	经过开工加热炉的工艺气流量	60000
3	FI63	弛放氢气量	7500
4	FI35	冷氨抽出量	20000
5	FI36	107-F～111-F的液氨流量	3600

二、事故处理操作实训

1. 105-J 跳车

原因：105-J 跳车。

现象：

（1）FIC-9、FIC-10、FIC-11 全开；

（2）LICA-15、LICA-16、LICA-18、LICA-19 逐渐下降。

处理：

（1）停 1-BP-1（或 1-BP-2），关出口阀；

（2）全开 FCV14、FCV7、FCV8，开 MIC25 放空，103-J 降转速；

（3）按 SP-1A、SP-70A；

（4）关 MIC18、MIC24，氢回收去 105-F 截止阀；

（5）LCV13、LCV14、LCV12 手动关掉；

（6）关 MIC13、MIC14、MIC15、MIC16、HCV1、MIC23；
（7）停 109-J，关出口阀；
（8）LCV15、LCV16A（或 LCV16B）、LCV18A（或 LCV18B）、LCV19 置手动关。

2. 跳车

原因：
（1）1-BP-1；
（2）跳车。

现象：109-F 液位 LICA15 上升。

处理：
（1）打开 LCV15，调整 109-F 液位；
（2）启动备用泵。

3. 109-J 跳车

原因：109-J 跳车。

现象：112-F 液位 LICA19 上升。

处理：
（1）关小 LCV18A（或 LCV18B）、LCV12；
（2）启动备用泵。

4. 103-J 跳车

原因：103-J 跳车。

现象：
（1）SP-1、SP-70 全关；
（2）FIC7、FIC8、FIC14 全开；
（3）PCV182 开大。

处理：
（1）打开 MIC25，调整系统压力；
（2）关闭 MIC18、MIC24，氢回收去 105-F 截止阀；
（3）105-J 降转速，冷冻调整液位；
（4）停 1-BP，关出口阀；
（5）LCV13，LCV14，LCV12 手动关掉；
（6）关 MIC13、MIC14、MIC15、MIC16、HCV1、MIC23；
（7）切除 129-C、125-C；
（8）停 109-J，关出口阀。

思考与分析

1. 简述合成氨的主要原料、辅料，合成氨的性质和用途。
2. 合成氨共有几个工段，其中合成工段所用的催化剂、每个工段的主要设备是什么？
3. 写出转化工段的主反应方程式和副反应方程式。
4. 请解释净化工段各工序的工艺原理。
5. 分析生产中产生的不正常现象的原因，并写出处理方法。

 常减压装置仿真操作实训

一、工作原理简述

在常减压蒸馏装置中,原油用原油泵抽送到换热器,换热至 110℃左右,加入一定量的破乳剂和洗涤水,充分混合后进入一级电脱盐罐。同时,在高压电场的作用下,使油水分离。脱水后的原油从一级电脱盐罐顶部集合管流出后,再注入破乳剂和洗涤水充分混合后进入二级电脱盐罐,同样在高压电场作用下,进一步油水分离,达到原油电脱盐的目的。然后一般再经过换热器加热到高于 200℃进入蒸发塔,在蒸发塔拔出一部分轻组分。

拨头油再用泵抽送到换热器继续加热到 280℃以上,然后去常压炉升温到 356℃进入常压塔。在常压塔拔出重柴油以前组分,高沸点重组分再用泵抽送到减压炉升温到 386℃进减压塔,在减压塔拔出润滑油料,塔低重油经泵抽送到换热器冷却后出装置。

二、工艺流程简介

1. 原油系统换热

罐区原油(65℃)由原油泵(P101/1,2)抽入装置后,首先与初顶、常顶汽油(H101/1-4)换热至 80℃左右,然后分两路进行换热:一路原油与减一线(H102/1,2)、减三线(H103/1,2)、减一中(H105/1,2)换热至 140℃左右;二路原油与减二线(H106/1,2)、常一线(H107)、常二线(H108/1,2)、常三线(H109/1,2)换热至 140℃左右。然后两路汇合后进入电脱盐罐(R101/1,2)进行脱盐脱水。

脱盐后原油(130℃左右)分两路进行换热,一路原油与减三线(H103/3,4)、减渣油(H104/3-7)、减三线(H103/5,6)换热至 235℃;二路原油与常一中(H111/1-3)、常二线(H108/3)、常三线(H109/3)、减二线(H106/5,6)、常二中(H112/2,3)、常三线(H109/4)换热至 235℃左右。两路汇合后进入初馏塔(T101),也可直接进入常压炉。

闪蒸塔顶油气以 180℃左右进入常压塔第28层塔板上或直接进入汽油换热器(H101/1-4)、空冷器(L101/1-3)。

拨头原油经拨头原油泵(P102/1,2)抽出与减四线(H113/1)换热后分两路:一路与减二中(H110/2-4)、减四线(H113/2)换热至 281℃左右;二路与减渣油(H104/8-11)换热至 281℃左右。两路汇合后与减渣油(H104/12-14)换热至 306.8℃左右再分两路进入常压炉对流室加热,然后再进入常压炉辐射室加热至要求温度入常压塔(T102)进料段进行分馏。

2. 常压塔

常压塔顶油先与原油(H101/1-4)换热后进入空冷(L101/1,2),再入后冷器(L103/3)冷却,然后进入汽油回流罐(R102)进行脱水,切出的水放入下水道。汽油经过汽油泵(P103/1,2)一部分打顶回流,一部分外放。不凝气则由 R102 引至常压瓦斯罐(R103),冷凝下来的汽油由 R103 底部返回 R102,瓦斯由 R103 顶部引至常压炉作为自产瓦斯燃烧或放空。

常一线从常压塔第22层(或30层)塔板上引入常压汽提塔(T103)上段,汽提油气返回常压塔第 34 层塔板上,油则由泵(P106/1,2)自常一线汽提塔底部抽出,与原油换热(H107)后经冷却器(L102)冷却至 70℃左右出装置。

常二线从常压塔第22层(或20层)塔板上引入常压汽提塔(T103)中段,汽提油气返回常压塔第 24 层塔板上,油则由泵(P107、P106/2)自常二线汽提塔底部抽出,与原油换热(H108/1,2)后经冷却器(L103)冷却至 70℃左右出装置。

常三线从常压塔第11层(或9层)塔板上引入常压汽提塔(T103)下段,汽提油气返回常压塔第14层塔板上,油则由泵(P108/1,2)自常三线汽提塔底部抽出,与原油换热(H109/1-4)后经冷却器(L104)冷却至70℃左右出装置。

常一中油自常压塔顶第25层板上由泵(P110/1,2)抽出与原油换热(H111/1-3)后返回常压塔第29层塔板上。

常二中油自常压塔顶第15层板上由泵(P110/2、P111)抽出与原油换热(H112/2,3)后返回常压塔第19层塔板上。

常压渣油经塔底泵(P109/1,2)自常压塔T102底抽出,分两路去减压炉(F102、F103)对流室、辐射室加热后合成一路以工艺要求温度进入减压塔(T104)进料段进行减压分馏。

3. 减压塔

减顶油气经二级抽真空系统后,不凝气自L110/1,2放空或入减压炉(F102)作为自产瓦斯燃烧。冷凝部分进入减顶油水分离器(R104)切水,切出的水放入下水道,油进入污油罐进一步脱水后由泵(P118/1,2)抽出装置,或由缓蚀剂泵抽出去闪蒸塔进料段或常一中进行回炼。

减一线油自减压塔上部集油箱由减一线泵(P112/1,2)抽出与原油换热(H102/1,2)后经冷却器(L105/1,2)冷却至45℃左右,一部分外放,另一部分去减顶用作回流。

减二线油自减压塔引入减压汽提塔(T105)上段,油汽返回减压塔,油则由泵(P113,P112/1)抽出与原油换热(H106/1-6)后经冷却器(L106)冷却至50℃左右出装置。

减三线油自减压塔引入减压汽提塔(T105)中段,油气返回减压塔,油则由泵(P114/1、2)抽出与原油换热(H103/1-6)后经冷却器(L107)冷却至80℃左右出装置。

减四线油自减压塔引入减压汽提塔(T105)下段,油气返回减压塔,油则由泵(P115、P114/2)抽出,一部分先与原油换热(H113/1、2),再与软化水换热(H113/3,4→H114/1,2)后经冷却器(L108)冷却至50~85℃出装置;另一部分打入减压塔四线集油箱下部用作净洗油。

冲洗油自减压塔由泵(P116/1,2)抽出后与L109/2换热,一部分返塔用作脏洗油,另一部分外放。

减一中油自减压塔一、二线之间由泵(P110/1,2)抽出与软化水换热(H105/3),再与原油换热(H105/1,2)后返回减压塔。

减二中油自减压塔三、四线之间由泵(P111、P110/2)抽出与原油换热(H110/2-4)后返回减压塔。减压渣油自减压塔底由泵(P117/1,2)抽出与原油换热(H104/3-14)后,经冷却器(L109)冷却后出装置。

三、主要设备、仪表

主要设备、仪表见表6-6~表6-9。

表6-6 初馏塔T101

名 称	温度/℃	压力(表)/MPa	流量/(t/h)
进料流量	235	0.065	126.262
塔底出料	228	0.065	121.212
塔顶出料	230	0.065	5.05

表6-7 常压塔T102

名 称	温度/℃	压力(表)/MPa	流量/(t/h)
常顶回流出塔	120	0.058	
常顶回流返塔	35		10.9
常一线馏出	175		6.3

续表

名称	温度/℃	压力(表)/MPa	流量/(t/h)
常二线馏出	245		7.6
常三线馏出	296		9.4
进料	345		121.2121
常一中出/返	210/（150）		24.499
常二中出/返	270/（210）		28.0
常压塔底	343		101.8

表 6-8 减压塔

名称	温度/℃	压力/mmHg	流量/(t/h)
减顶出塔	70	−700	
减一线馏出/回流	150/50		17.21/13
减二线馏出	260		11.36
减三线馏出	295		11.36
减四线馏出	330		10.1
进料	385		
减一中出/返	220/180		59.77
减二中出/返	305/245		46.687
脏油出/返			
减压塔底	362		61.98

注：1mmHg=133.322Pa。

表 6-9 常压炉 F101，减压炉 F102、F103

名称	氧含量/%	炉膛负压/mmHg	炉膛温度/℃	炉出口温度/℃
F101	3~6	2.0	610.0	368.0
F102	3~6	2.0	770.0	385.0
F103	3~6	2.0	730.0	385.0

任务一 冷态开车操作实训

一、准备工作

(1) 准备好黄油、破乳剂、20 号机械油、液氨、缓蚀剂、碱等辅助材料；

(2) 原油含水≤1%，油温不高于 50℃，原油与副炼联系，外操做好从罐区引燃料油的工作；

(3) 准备好开工循环油、回流油、燃料气（油）。

二、装油

装油的目的是进一步检查机泵情况，检查和发现仪表在运行中存在的问题，脱去管线内积水，建立全装置系统的循环。

1. 常减压装油流程及步骤

(1) 常压装油流程如下：

① 原油罐→P101/1,2→H101/1,4→$\begin{Bmatrix} H106/1,2 \rightarrow H107 \rightarrow H108/1,2 \rightarrow H109/1,2 \rightarrow H106/3,4 \\ H102/1,2 \rightarrow H103/1,2 \rightarrow H105/1,2 \end{Bmatrix}$→R101/1,2;

② R101/1,2 → ⎰ H111/1,2 → H108/3 → H109/3 → H106/5,6 → H112/2,3 → H109/4 ⎱ → T101;
　　　　　　 ⎱ H103/3,4 → H104/3-7 → H103/5,6　　　　　　　　　　　　　　 ⎰

③ T101底 → P102/1,2 → H113/1 → ⎰ H110/2-4 → H113/2 ⎱ → H104/12-14 → F101对流室 → F101辐射室 → T102。
　　　　　　　　　　　　　　　　 ⎱ H104/8-11　　　　　 ⎰

(2) 常压装油步骤如下：

① 启动原油泵 P101/1,2(在泵图页面上单击 P101/1，2，其中一个泵变绿色表示该泵已经开启)，打开调节阀 FIC1101、TIC1101 开度为 50%，将原油引入装置；

② 原油一路经换热器 H105/2，另一路经 H106/4，现场打开 VX0001、VX0002、VX0007，开度为 100%；

③ 两路混合后经含盐压差调节阀 PDIC1101（开度为 50%）到电脱盐罐 R101/1；

④ 再打开 PDIC1102（开度为 50%）引油到电脱盐罐 R101/2，后经两路换热器 H109/4 和 H103/6；

⑤ 打开温度调节阀 TIC1103（开度 50%），使原油到初馏塔 T101，建立初馏塔塔底液位；

⑥ 待初馏塔 T101 底部液位 LIC1103 达到 50%时，启动初馏塔底泵 P102/1，2（去泵现场图查找该泵，并单击一次开启该泵，以下同）；

⑦ 打开塔底流量调节阀 FIC1104（逐渐开大到 50%），打开 TIC1102（开度为 50%）流经换热器组 H113/2 和 H104/11，H104/1；

⑧ 分两股进入常压炉（F101），在常压炉的 DCS 画面上打开进入常压炉的流量调节阀 FIC1106、FIC1107（开度均为 50%）；

⑨ 原油经过常压炉（F101）的对流室、辐射室；

⑩ 两股出料合并为一股进入到常压塔（T102）进料段（即显示的 TO T102）；

⑪ 观察常压塔塔低液位 LIC1105 的值，并调节初馏塔进、出流量阀，控制初馏塔塔低液位 LIC1103 为 50%左右（即 PV=50）。

2. 减压装置流程及步骤

(1) 减压装油流程如下：T102 → P109/1，2 → F102、F103 → T104。

(2) 减压装油步骤如下：

① 待常压塔 T102 底部液位 LIC1105 达到 50%时（即 PV=50），启动常压塔底泵 P109/1，2 其中一个（方法同上述启动泵的方法）；

② 打开 FIC1111 和 FIC1112（开度逐渐开大到 50%左右，调节 LIC1105 为 50%），分两路进入减压炉 F102 和 F103 的对流室、辐射室；

③ 经两炉 F102 和 F103 后混合成一股进料，进入减压塔 T104；

④ 待减压塔 T104 底部液位 LIC1201 达到 50%时（即 PV=50 左右），启动减压塔底 P117/1，2 其中一个；

⑤ 打开减压塔塔底抽出流量控制阀 FIC1207（开度逐渐开大），控制塔底液位为 50%左右，并到减压系统图现场打开开工循环线阀门 VX0040，然后停原油泵，装油完毕。

注：首先看现场图的手阀是否打开，确认该路管线畅通。然后到 DCS 画面上，先开泵，再开泵后阀，建立液位。进油的同时注意电脱盐罐 R101/1，2 切水，即间断开打 LIC1101、LIC1102 水位调节阀，控制不超过 50%。

三、冷循环

冷循环的目的主要是检查工艺流程是否有误，设备、仪表是否有误，同时脱去管线内部残存水。

待切水工作完成，各塔底液面偏高 50% 左右后，便可进行冷循环。

（1）冷循环流程如下：

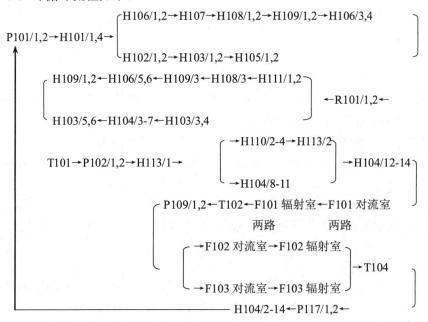

（2）冷循环步骤如下：

① 冷循环具体步骤与装油步骤相同，流程不变；

② 冷循环时要控制好各塔液面稍过 50%（LIC1103、LIC1105、LIC1201），并根据各塔液面情况补油；

③ R101/1,2 底部要经常反复切水，间断打开 LIC1101、LIC1102 水位调节阀，控制不超过 50%；

④ 各塔底用泵切换一次，检查机泵运行情况是否良好（在该仿真中不作具体要求）；

⑤ 换热器、冷却器副线稍开，让油品自副线流过（在该仿真中不作具体要求）；

⑥ 各调节阀均为手动，随时调节流量大小；

⑦ 检查塔顶汽油、瓦斯流程是否打开，防止憋压（现场打开 VX008 初馏塔顶，VX0042、VX0050、VX0017、VX0020、VX0018 常压塔顶部，VX0019 从初馏塔出来到常压塔中部偏上进气线，位置在常压塔现场图）；

⑧ 启用全部有关仪表显示；

⑨ 循环油温（TI1109）低于 50℃时，F101 可以间断点火，但出口温度（TI1113 或 TI1112）不高于 80℃；

⑩ 冷循环工艺参数平稳后（主要是三个塔液位控制在 50% 左右），运行时间可少于 4h，做好热循环的各项准备工作。

以常压炉为例介绍加热炉的简单操作步骤。在常压炉的 DCS 图中打开烟道挡板 HC1101，开度为 50%，打开风门 ARC1101，开度为 50% 左右，打开 PIC1102，开度逐渐开大到 50%，调节炉膛负压，到现场打开自然风 VX0013，开度为 50% 左右，点燃点火棒，现场单击

"IGNITION"为开状态。再在 DCS 画面中稍开瓦斯气流量调节阀 TIC11105，逐渐开大调节温度，见到加热炉底部出现火燃标志则证明加热炉点火成功。调节时可调节自然风风门、瓦斯及烟道挡板的开度，来控制各指标。实际加热炉的操作包括烘炉等细节，这里不作具体要求。

四、热循环

当冷循环无问题处理完毕后，开始热循环，流程不变。

1. 热循环前准备工作

（1）分别到各自现场图中打开 T101、T102、T104 的顶部阀门，防止塔内憋压（部分在前面已经开启）。

（2）在现场图(泵图)中启动空冷风机 K1、K2；到 3 号和 5 号图的现场画面中打开各冷却器给水阀门，检查 T102、T104 馏出线流程是否完全贯通，防止塔内憋压。

① 常压塔现场图。打开 VX0051、VX0052、VX0053，开度为 50%。

② 减压塔现场图。打开 VX0054、VX0055、VX0056、VX0057、VX0058、VX0059、VX0060，开度为 50%。

（3）循环前在 2 号图的现场画面将原油入电脱盐罐副线阀门全开，开 VX0079、VX0006、VX0005（在后面还要关闭这几个副线阀门）甩开电脱盐罐 R101/1、2，防止高温原油烧坏电极棒。

2. 热循环升温、热紧过程

（1）炉 F101、F102、F103 开始升温，起始阶段以炉膛温度为准，前 2h 温度不得高于 300℃，2h 后以 F101 出口温度为主，以每小时 20~30℃的速度升温[这里只要适当控制升温速度即可，不要太快，步骤（2）、（3）在这里可省去，实际在工厂要严格按升温曲线进行升温操作]；

（2）当炉 F101 出口温度升至 100~120℃时恒温 2h 脱水，升温至 150℃恒温 2~4h 脱水；

（3）恒温脱水至塔底无水声、回路罐中水减少、进料段温度与塔底温度较为接近时，F101 开始以每小时 20~25℃的速度升温至 250℃，然后恒温，全装置进行热紧；

（4）炉 F102、F103 出口温度 TIC1201、TIC1203 始终保持与炉 F101 出口温度 TIC1104 平衡，温差不得大于 30℃；

（5）常压塔顶温度 TIC1106 升至 100~120℃时，将轻质油引入汽油，开始打顶回流(在常压塔塔顶回流现场图中打开轻质油线阀 VX0081，打开 FIC1110 时开度要自己调节），此时严格控制水液面，严禁回流带水；

（6）常压炉 F101 出口温度升至 300℃时，常压塔自上而下开侧线，开中段回流（到现场图中打开手阀及机泵，在 DCS 操作画面中打开各调节阀）。

常压塔现场操作部分：依次打开 FIC1116、FIC1115、FIC1114 开度为 50%，FIC1108、TIC1107、FIC1109、TIC1108 开度为 50%，泵 P104、P105、P103、P106、P107、P108。

升温阶段即脱水阶段，塔内水分在相应的压力下开始大量汽化，所以必须特别注意，加强巡查，严防 P102/1、2，P109/1、2，P117/1、2 泵抽空。同时再次检查塔顶汽油线是否导通，以免憋压。

3. 热循环过程注意事项

（1）热循环过程中要注意整个装置的检查，以防泄漏或憋压；

（2）注意各塔底泵运行情况，发现异常及时处理；

（3）严格控制好各塔底液面；

（4）升温同时打开炉 F101、F102、F103 过热蒸汽（分别在 4 号和 6 号的 DCS 画面中打开 PIC1203、PIC1202、PIC1205，开度为 50%即可），并放空，防止炉管干烧。

五、常压系统转入正常生产

1. 切换原油

（1）T102 自上而下开完侧线后，启动原油泵。将渣油改出装置。启用渣油冷却器 L109/2，将渣油温度控制在 160℃以内，在 5 号图的现场打开 VX0078、关闭开工循环线 VX0040，原油量控制在 70~80t/h；

（2）倒好各侧线、换热设备及外放流程，关闭放空，待各侧线来油后，联系调度和轻质油，并启动侧线泵（前面已经打开）侧线外放；

（3）当过热蒸汽温度超过 350℃时，缓慢打开 T102 底吹汽，现场开启 VX0014，关闭过热蒸汽放空阀；

（4）待生产正常后缓慢将原油量提至正常（参数见表 6-7）。

2. 常压塔正常生产

（1）切换原油后，F101 以 20℃/h 的速度升温至工艺要求温度；

（2）F101 抽空温度正常后，常压塔自上而下开常一中、常二中回流（前面已经开启了）；

（3）原油入脱盐罐温度低于 140℃时，将原油入脱盐罐副线开关关闭；

（4）司炉工控制好 F101 出口温度，常压技工按工艺指标和开工方案调整操作，使产品尽快合格，及时联系调度室将合格产品改入合格罐；

（5）根据产品质量条件控制侧线吹汽量。

3. 注意事项

（1）控制好 V102 汽油液面及油水界面，待汽油液面正常后停止补汽油，用本装置汽油打回流；

（2）过热蒸汽压力控制在 $3.0\sim3.5 kgf/cm^2$，温度控制在 380~450℃，开塔顶部吹汽时要先放净管线内冷凝水，再缓慢开汽，防止蒸汽吹翻塔盘；

（3）R101/1、2 送电，脱盐共做好脱盐罐切水工作，防止原油含水量过大影响操作；

（4）严格控制好侧线油出装置温度；

（5）通知化验室按时分析。

六、减压系统转入正常生产

1. 开侧线

（1）当常压开侧线后，减压炉开始以 20℃/h 的速度升温至工艺指标要求的范围内。

（2）当过热蒸汽温度超过 350℃时，开减压塔底吹汽，现场打开 VX0082，关过热蒸汽放空（仿真中没做）。

（3）当 F102、F103 出口温度升至 350℃时，F102、F103 开炉管注汽，打开 VX0021、VX0026，减压塔开始抽真空。

抽真空分三段进行：第一段 0~200mmHg，第二段 200~500mmHg，第三段 500mmHg~最大。

操作步骤：在抽真空系统图上，先打开冷却水现场阀 VX0086，然后依次打开 VX0084、VX0085 各级抽真空阀，并打开 VX0034 和泵 P118/1、2。

（4）T104 顶温度超过工艺指标时，将常三线油倒入减压塔顶打回流，待减一线有油后改减一线本线打回流，常三线改出装置，控制塔顶温度在指标范围内。

（5）减压塔自上而下开侧线，操作方法与常压步骤基本相同。

2. 调整操作

（1）当炉 F102、F103 出口温度达到工艺指标后，自上而下开中段回流，开回流时先放净设备管线内存水，严禁回流带水；

（2）侧线有油后联系调度室、轻质油，启动侧线泵将侧线油改入催化料或污油罐；

（3）倒好侧线流程，启动 P116/1、2 开脏洗油系统，同时启用净洗油系统；

（4）根据产品质量调节侧线吹汽流量；

（5）司炉工稳定炉出口温度，减压技工根据开工方案要求尽快调整产品使其合格，将合格产品改进合格罐；

（6）将软化水引入装置，启用蒸汽发生器系统，自产汽先排空，待蒸汽合格不含水后，再并入低压蒸汽网络或引入蒸汽系统。

3. 注意事项

（1）开炉管注汽、塔部吹汽前，应先放净管线内冷凝存水；

（2）过热蒸汽压力控制在 $2.5\sim3.0kgf/cm^2$，温度控制在 380～450℃范围内；

（3）抽真空前先检查抽真空系统流程是否正确，抽真空后，检查系统是否有泄漏，控制好 R105 液面；

（4）控制好蒸汽发生器水液面，自产蒸汽压力不大于 $6kgf/cm^2$；

（5）开净洗油、脏洗油系统前，应先放净过滤器、调节阀等低点冷凝水，应缓慢开启，防止吹翻塔盘；

（6）将常三线油引入减顶打回流前必须检查常三线油颜色，防止黑油污染减压塔，打回流时减一线流量计、外放调节阀走副线。

七、投用一脱三注

（1）生产正常后，将原油入电脱盐罐温度控制在 120～130℃，压力控制在 $8\sim10kgf/cm^2$ 范围内，电流不大于 150A，然后开始注入破乳剂、水；

（2）常顶开始注氨，注破乳剂。

操作步骤：在电脱盐图现场开破乳剂泵 P120 和水泵 P119，然后打开出口阀 VX0037、VX0087，开度为 50%，在 DCS 图上，打开 FIC1117、FIC1118，开度都为 50%。

生产正常时，各项操作工艺指标达到要求后，主要调节阀所处状态如下：

（1）原油进料流量 FIC1101 投自动，SP=125。

（2）初馏塔底液位 LIC1103 投自动，SP=50；初馏塔底出料 FIC1104 投自动，SP=121。

（3）常压炉出口温度 TIC1104 投自动，SP=368；炉膛温度 TIC1105 投串级；风道含氧量 ARC1101 投自动，SP=4；炉膛负压 PIC1102 投自动，SP=—2；烟道挡板开度 HC1101 投手动，OP=50。

（4）常压塔塔底液位 LIC1105 投自动，SP=50；塔底出料 FIC1111、FIC1112 均投串级。塔顶温度 TIC1106 投自动，SP=120；塔顶回流量 FIC1110 投串级。塔顶分液罐 V102 油液位 LIC1106 投自动，SP=50；水液位 LIC1107 投自动，SP=50。

（5）减压炉出口温度 TIC1201 和 TIC1202 投自动，SP=385；炉膛温度 TIC1203 和 TIC1202 投串级；风道含氧量 ARC1201 和 ARC1202 投自动，SP=4；炉膛负压 PIC1201 和 PIC1204 投自动，SP=—2；烟道挡板开度 HC1201 和 1202 投手动，OP=50。

（6）减压塔塔底液位 LIC1201 投自动，SP=50；塔底出料 FIC1207 投串级；塔顶温度

TIC1205 投自动，SP=70；塔顶回流量 FIC1208 投串级；LIC1202 投自动，SP=50。

(7) 现场各换热器、冷凝器手阀开度为 50%，即 OP=50。各塔底注汽阀开度为 50%；抽真空系统蒸汽阀开度为 50%。泵的前、后手阀开度为 50%。

补充说明：文中提到的 1~7 号图为仿真引言中的图的序号，具体内容如下：

(1) 1 号 DCS 图是整个装置的全貌图，对应的现场图是整个装置的机泵图区（相当于工厂的冷、热泵房）；

(2) 2 号图是电脱盐系统和初馏塔的 DCS 图、现场图；

(3) 3 号图是常压塔系统的 DCS 图、现场图；

(4) 4 号图是常压炉系统的 DCS 图、现场图；

(5) 5 号图是减压塔系统的 DCS 图、现场图；

(6) 6 号图是减压炉系统的 DCS 图、现场图；

(7) 7 号图是公用工程系统及抽真空系统的 DCS 图、现场图。

任务二　正常停车操作实训

一、降量

(1) 降量前先停电脱盐系统。

① 打开 R101/1、2 原油副线阀门，关闭 R101/1、2 进出口阀门，停止注水、注剂，停止送电 30min 后开始排水，使原油中水分充分沉降；

② 待 R101/1、2 内污水排净后，启动 P119/1，2 将 R101/1、2 内原油自原油循环线打入原油线回炼（待 R101/1、2 罐内无压力后打开罐顶放空阀）；

③ R101/1、2 内原油退完后,将常二线油自脱盐罐冲洗线倒入 R101/1、2 内进行冲洗，在罐底排污线放空；

④ 各冲洗 1h。

(2) 降量分多次进行，降量速度为 10~15t/h。

(3) 降量初期保持炉出口温度不变，调整各侧线油抽出量，保证侧线产品质量合格。

(4) 降量过程中注意控制好各塔底液面，调节各冷却器用水量，将侧线油出装置温度控制在正常范围内。

二、降量关侧线

(1) 当原油量降至正常指标的 60%~70% 时开始降炉温，炉出口温度以 25~30℃/h 的速度均匀降低。

(2) 降温时将各侧线油改入催化料或污油罐，常减压各侧线及汽油回流罐控制高液面，用于洗塔。

(3) F101 出口温度降到 280℃ 左右时，T102 开始自上而下关侧线，停中段回流，各侧线及汽油停止外放。

(4) F102、F103 出口温度降到 320℃ 左右时，T104 开始自上而下关侧线，停中段回流，各侧线及汽油停止外放。

塔破真空分三个阶段进行：第一阶段，正常值为 500mmHg 以上；第二阶段，正常值为 500~250mmHg；第三阶段，正常值为 250~0mmHg。破真空时应关闭 L10/3，4 顶部瓦斯放空阀。

(5) 当过热蒸汽出口温度降至 300℃ 时，停止所有塔部吹汽，进行放空。

三、装置打循环及炉子熄火

T102关完侧线后,立即停原油泵,改为循环流程进行全装置循环。

(1)循环流程如下:

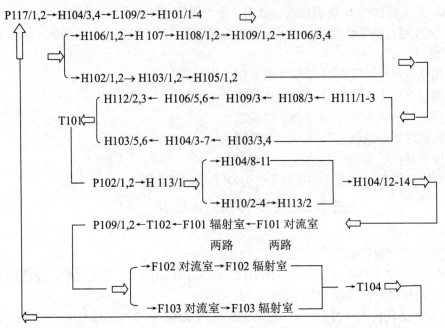

(2)T104 关侧线后,将减压侧线油自分配台倒入减压塔打回流洗塔。减侧线油打完后将常压各侧线倒入减压塔顶回流洗塔,直到各侧线油打完为止。

注意:将侧线油倒入减一线打回流时应打开减一线流量计和外放调节阀的副线阀门。

(3)常压技工将汽油回流罐内汽油全部打入常压塔顶洗常压塔,塔顶温度过低时停空冷。

(4)炉子对称关火嘴,继续降温,炉出口温度降至 180℃时停止循环,炉子熄火,风机不停。待炉膛温度降至 200℃时停风机,打开防爆门加速冷却,停过热蒸汽。

炉子熄火后,将各塔底油全部打出装置。

任务三 事故处理操作实训

一、原油中断

原因:原油泵故障。

现象:塔液面下降,塔进料压力降低,塔顶温度升高。

处理:

(1)切换原油泵;

(2)仍不行按停工处理。

二、供电中断

原因:供电部门线路发生故障。

现象:各泵运转停止。

处理:

(1)来电后相继启动顶回流泵、原油泵、初底泵、常底泵,中断回流泵及侧线泵;

(2)各岗位按生产工艺指标调整操作至正常。

三、循环水中断

原因：供水单位停电或水泵出现故障不能正常供水。

现象：

（1）油品出装置温度升高；

（2）减顶真空度急剧下降。

处理：

（1）停水时间短，降温降量，维持最低量生产，或循环；

（2）停水时间长，按紧急停工处理。

四、供汽中断

原因：锅炉发生故障，或因停电不能正常供汽。

现象：

（1）流量显示回零，各塔、罐操作不稳；

（2）加热炉操作不稳；

（3）减顶真空度下降。

处理：如果只停汽而没有停电，则改为循环；如果既停汽又停电，则按紧急停工处理。

五、净化风中断

原因：空气压缩机发生故障。

现象：仪表指示回零。

处理：

（1）短时间停风，将控制阀改副线，用手工调节各路流量、温度、压力等；

（2）长时间停风，按降温降量循环处理。

六、加热炉着火

原因：炉管局部过热结焦严重，结焦处被烧穿。

现象：炉出口温度急剧升高，冒大量黑烟。

处理：熄灭全部火嘴并向炉膛内吹入灭火蒸汽。

七、常压塔底泵停

原因：泵出现故障，被烧或供电中断。

现象：

（1）泵出口压力下降，常压塔液面上升；

（2）加热炉熄火，炉出口温度下降。

处理：切换备用泵。

八、常顶回流阀卡 10%

原因：阀使用时间太长。

现象：塔顶温度上升，压力上升。

处理：开旁通阀。

九、换热 H109/4 故障（100 万吨）

原因：换热器 H109/4 层堵。

现象：炉进料温度下降，进料流量下降。

处理：开大换热器副线，控制炉出口温度。

十、闪蒸塔底泵抽空

原因：泵本身故障。

现象：泵出口压力下降，塔底液面迅速上升，炉膛温度迅速上升。

处理：切换备用泵，注意控制炉膛温度。

十一、减压炉熄火

原因：燃料中断。

现象：炉膛温度下降，炉出口温度下降，火灭。

处理：

（1）减压部分按停工处理；

（2）常渣出装置。

十二、抽-1故障

原因：真空泵本身故障。

现象：减压塔压力上升。

处理：加大抽-2蒸汽量。

十三、低压闪电

原因：供电不稳。

现象：全部或部分低压电机停转，操作混乱。

处理：

（1）如时间短，则切换备用泵，依次进行顶回流、中段回流、处理量调节；

（2）及时联系电力维修部门送电，按工艺指标调整操作。

十四、高压闪电

原因：供电不稳。

现象：全部或部分高压电机停转，初馏塔和常压塔进料中断，液面下降。

处理：

（1）如时间短，则切换备用泵；

（2）及时联系电力维修部门送电，按工艺指标调整操作。

十五、原油含水

原因：原油供应紧张。

现象：原油泵可能抽空，初馏塔液面下降，压力上升。

处理：加强电脱盐罐操作，加强切水。

常减压单元操作现场图如图6-3所示。

思考与分析

1. 原油及炼油产品的性质和用途。
2. 请画出常减压的工艺流程框图。
3. 请简述一脱三注的工艺原理。
4. 分析常减压生产中的不正常现象原因，并写出处理方法。
5. 根据自己在各项开车过程中的体会，对本工艺过程提出自己的看法。

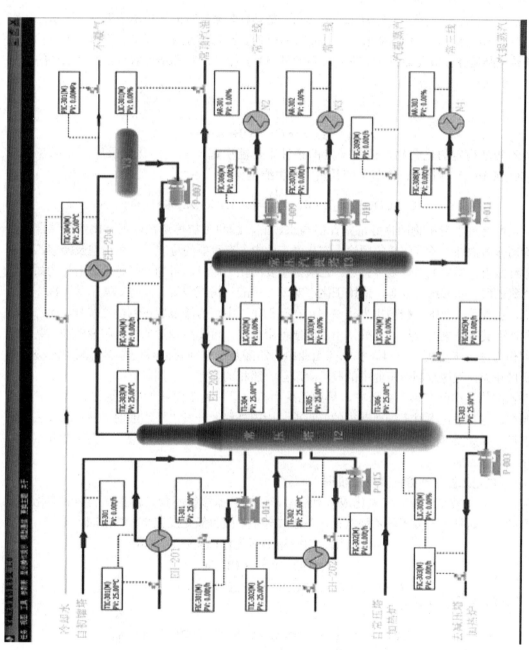

图 6-3 常减压单元操作现场

项目三　乙醛氧化制醋酸生产仿真操作实训

一、工作原理简述

乙酸又名醋酸，英文名称为 acetic acid，是具有刺激气味的无色透明液体，无水乙酸在低温时凝固成冰状，俗称冰醋酸。在 16.7℃以下时，纯乙酸呈无色结晶，其沸点是 118℃。乙酸蒸气刺激呼吸道及黏膜（特别是眼睛的黏膜），浓乙酸可灼烧皮肤。乙酸是重要的有机酸之一。其结构式是：

$$H_3C-\overset{\overset{O}{\|}}{C}-OH$$

乙酸是稳定的化合物，但在一定的条件下，能引起一系列的化学反应。如：在强酸（H_2SO_4 或 HCl）存在下，乙酸与醇共热，发生酯化反应：

$$CH_3COOH+C_2H_5OH \xrightleftharpoons{H^+} CH_3COOC_2H_5+H_2O$$

乙酸是许多有机物的良好溶剂，能与水、醇、酯和氯仿等溶剂以任意比例相混合。乙酸除用作溶剂外，还有广泛的用途，在化学工业中占有重要的位置，其用途遍及醋酸乙烯、醋酸纤维素、醋酸酯类等多种领域。乙酸是重要的化工原料，可制备多种乙酸衍生物如乙酸酐、氯乙酸、醋酸纤维素等，适用于生产对苯二甲酸、纺织印染、发酵制氨基酸，也作为杀菌剂。在食品工业中，醋酸作为防腐剂。在有机化工中，乙酸裂解可制得乙酸酐，而乙酸酐是制取醋酸纤维素的原料。另外，由乙酸制得聚酯类，可作为油漆的溶剂和增塑剂。某些酯类可作为进一步合成的原料。在制药工业中，乙酸是制取阿司匹林的原料。利用乙酸的酸性，可作为天然橡胶制造工业中的胶乳凝胶剂、照相的显像停止剂等。

乙酸的生产具有悠久的历史，早期乙酸由植物原料加工而获得或者通过乙醇发酵的方法制得，也有通过木材干馏而获得的。目前，国内外已经开发出了乙酸的多种合成工艺，包括烷烃、烯烃及其酯类的氧化，其中应用最广的是乙醛氧化法制备乙酸。下面主要介绍乙醛氧化法制备乙酸。

1. 氧化工段生产方法及反应机理

乙醛首先被空气或氧气氧化成过氧醋酸，而过氧醋酸很不稳定，在醋酸锰的催化下发生分解，同时使另一分子的乙醛氧化，生成二分子乙酸。氧化反应是放热反应。

$$CH_3COOH+C_2H_5OH \longrightarrow CH_3COOC_2H_5+H_2O$$
$$CH_3CHO+O_2 \longrightarrow CH_3COOOH$$
$$CH_3COOOH+CH_3CHO \longrightarrow 2CH_3COOH$$

总的化学反应方程式为：

$$CH_3CHO+\frac{1}{2}O_2 \longrightarrow CH_3COOH+292.0kJ/mol$$

在氧化塔内，还有一系列的氧化反应，主要副产物有甲酸、甲酯、二氧化碳、水、醋酸甲酯等。

$$CH_3COOOH \longrightarrow CH_3OH+CO_2$$
$$CH_3OH+CO_2 \longrightarrow HCOOH+H_2O$$
$$CH_3COOOH+CH_3COOH \longrightarrow CH_3COOCH_3+CO_2+H_2O$$

$$CH_3OH + CH_3COOH \longrightarrow CH_3COOCH_3 + H_2O$$
$$CH_3OH \longrightarrow CH_4 + CO$$
$$CH_3CH_2OH + CH_3COOH \longrightarrow CH_3COOC_2H_5 + H_2O$$
$$CH_3CH_2OH + HCOOH \longrightarrow HCOOC_2H_5 + H_2O$$
$$3CH_3CHO + 3O_2 \longrightarrow HCOOH + 2CH_3COOH + CO_2 + H_2O$$
$$CH_3CHO + 5O_2 \longrightarrow CH_3COOOH$$
$$3CH_3CHO + 2O_2 \longrightarrow CH_3CH(OCOCH_3)_2 + H_2O$$
$$2CH_3COOH \longrightarrow CH_3COCH_3 + CO_2 + H_2O$$
$$CH_3COOH \longrightarrow CH_4 + CO_2$$

乙醛氧化制醋酸的反应机理一般认为可以用自由基的链接反应机理来进行解释，常温下乙醛就可以自动地以很慢的速率吸收空气中的氧而被氧化生成过氧醋酸：

$$CH_3CHO + O_2 \longrightarrow CH_3C(O)OOH$$

过氧醋酸以很慢的速率分解生成自由基：

$$CH_3COOOH \longrightarrow CH_3C(O)O\cdot + \cdot OH$$

自由基 $CH_3COO\cdot$ 引发下列连锁反应：

$$CH_3C(O)O\cdot + CH_3CHO \longrightarrow CH_3CO\cdot + CH_3COOH$$

$$CH_3CO\cdot + O_2 \longrightarrow CH_3C(O)OO\cdot$$

$$CH_3C(O)OO\cdot + CH_3CHO \longrightarrow CH_3C\cdot(O) + CH_3COOOH$$

$$CH_3C(O)OOH + CH_3CHO \longrightarrow 2CH_3COOH$$

自由基引发一系列的反应生成醋酸。但过氧醋酸是一种极不安定的化合物，积累到一定程度就会分解而引起爆炸。因此，该反应必须在催化剂存在下才能顺利进行。催化剂的作用是将乙醛氧化时生成的过氧醋酸及时分解成醋酸，防止过氧醋酸的积累、分解和爆炸。

2. 精制工段生产方法及反应机理

乙醛首先氧化成过氧醋酸，而过氧醋酸很不稳定，在醋酸锰的催化下发生分解，同时使另一分子的乙醛氧化，生成两分子乙酸。氧化反应是放热反应。

$$CH_3CHO + O_2 \longrightarrow CH_3COOOH$$
$$CH_3COOOH + CH_3CHO \longrightarrow 2CH_3COOH$$

在氧化塔内，还有一系列的氧化反应。

乙醛氧化制醋酸的反应机理一般认为可以用自由基的链接反应机理来进行解释，常温下乙醛就可以自动地以很慢的速度吸收空气中的氧而被氧化生成过氧醋酸。

过氧醋酸以很慢的速度分解生成自由基。

自由基引发一系列的反应生成醋酸。但过氧醋酸是一个极不安定的化合物，积累到一定程度就会分解而引起爆炸。因此，该反应必须在催化剂存在下才能顺利进行。催化剂的作用是将乙醛氧化时生成的过氧醋酸及时分解成醋酸，而防止过氧醋酸的积累、分解和爆炸。

二、工艺流程简介

1. 氧化工段

（1）装置流程简述　本反应装置系统采用双塔串联氧化流程，主要装置有第一氧化塔T101、第二氧化塔T102、尾气洗涤塔T103、氧化液中间贮罐V102、碱液贮罐V105。其中T101是外冷式反应塔，反应液由循环泵从塔底抽出，进入换热器中以水带走反应热，降温后的反应液再由反应器的中上部返回塔内；T102是内冷式反应塔，它是在反应塔内安装多层冷却盘管，管内以循环水冷却。

乙醛和氧气首先在全返混型的反应器第一氧化塔T101中反应（催化剂溶液直接进入T101内），然后到第二氧化塔T102中，通过向T102中加氧气，进一步进行氧化反应（不再加催化剂）。第一氧化塔T101的反应热由外冷却器E102A（或E102B）移走，第二氧化塔T102的反应热由内冷却器移除，反应系统生成的粗醋酸送往蒸馏回收系统，制取醋酸成品。

蒸馏采用先脱高沸物，后脱低沸物的流程。

粗醋酸经氧化液蒸发器E201脱除催化剂，在高沸塔T201中脱除高沸物，然后在低沸塔T202中脱除低沸物，再经过成品蒸发器E206脱除铁等金属离子，得到产品醋酸。

从低沸塔T202顶出来的低沸物去脱水塔T203回收醋酸，含量99%的醋酸又返回精馏系统，塔T203中部抽出副产物混酸，T203塔顶出料去甲酯塔T204。甲酯塔塔顶产出甲酯，塔釜排出废水去中和池处理。

（2）氧化系统流程简述　乙醛和氧气按配比流量进入第一氧化塔（T101），氧气分两个入口入塔，上口和下口通氧量比约为1∶2，氮气通入塔顶气相部分，以稀释气相中的氧和乙醛。

乙醛与催化剂全部进入第一氧化塔，第二氧化塔不再补充。氧化反应的反应热由氧化液冷却器（E102A或E102B）移去，氧化液从塔下部用循环泵（P101A或P101B）抽出，经过冷却器（E102A或E102B）循环回塔中，循环比（循环量∶出料量）为（110～140）∶1。冷却器出口氧化液温度为60℃，塔中最高温度为75～78℃，塔顶气相压力为0.2MPa（表），出第一氧化塔的氧化液中醋酸浓度在92%～95%，从塔上部溢流去第二氧化塔（T102）。

第二氧化塔为内冷式，塔底部补充氧气，塔顶也加入保安氮气，塔顶压力为0.1MPa（表），塔中最高温度约为85℃，出第二氧化塔的氧化液中醋酸含量为97%～98%。

第一氧化塔和第二氧化塔的液位显示设在塔上部，显示塔上部的部分液位（全塔高90%以上的液位）。

出氧化塔的氧化液一般直接去蒸馏系统，也可以放到氧化液中间贮罐（V102）暂存。中间贮罐的作用是：正常操作情况下作为氧化液缓冲罐，停车或事故时贮存氧化液，醋酸成品不合格需要重新蒸馏时，由成品泵（P402）送来中间贮存，然后用泵（P102）送蒸馏系统回炼。

两台氧化塔的尾气分别经循环水冷却的冷却器（E101）中冷却，凝液主要是醋酸，带少量乙醛，回到塔顶，尾气最后经过尾气洗涤塔（T103）吸收残余乙醛和醋酸后放空，洗涤塔下部采用新鲜工艺水，上部采用碱液，分别用泵P103、P104循环。洗涤液温度为常温，洗涤液含醋酸达到一定浓度后（70%～80%），送往精馏系统回收醋酸，碱洗段定期排放至中和池。

乙醛氧化生产乙酸氧化工段流程图：乙醛氧化工段流程画面总图、第一氧化塔 DCS 图和第一氧化塔现场图如图 6-4～图 6-6 所示。

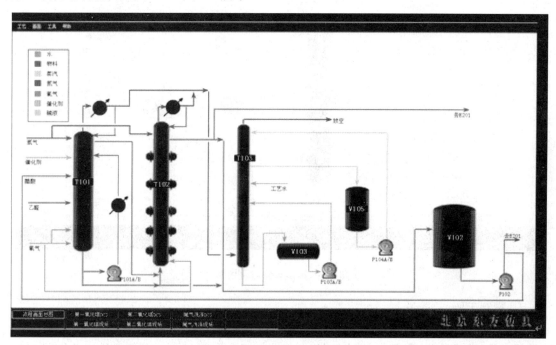

图 6-4　流程画面总图

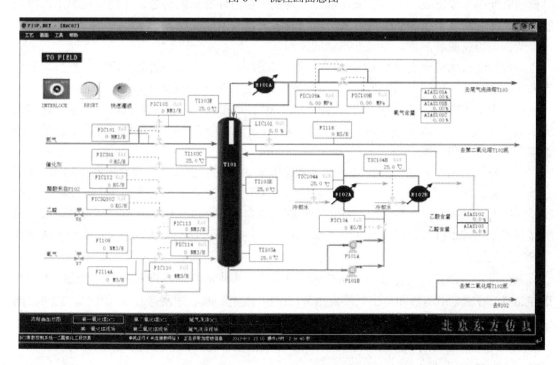

图 6-5　第一氧化塔 DCS 图

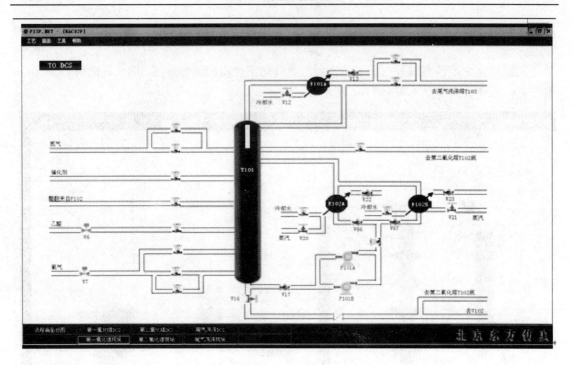

图 6-6　第一氧化塔现场图

2. 精制工段

（1）装置流程简述　本装置反应系统采用双塔串联氧化流程，乙醛和氧气首先在全返混型的反应器第一氧化塔 T101 中反应（催化剂溶液直接进入 T101 内），然后到第二氧化塔 T102 中再加氧气进一步反应，不再加催化剂。一塔反应热由外冷却器移走，二塔反应热由内冷却器移除，反应系统生成的粗醋酸进入蒸馏回收系统，制取成品醋酸。

蒸馏采用先脱高沸物，后脱低沸物的流程。

粗醋酸经氧化液蒸发器 E201 脱除催化剂，在脱高沸塔 T201 中脱除高沸物，然后在脱低沸塔 T202 中脱除低沸物，再经过成品蒸发器 E206 脱除铁等金属离子，得到产品醋酸。

从低沸塔 T202 顶出来的低沸物去脱水塔 T203 回收醋酸，含量 99% 的醋酸又返回精馏系统，塔 T203 中部抽出副产物混酸，T203 塔顶出料去甲酯塔 T204。甲酯塔塔顶产出甲酯，塔釜排出废水去中和池处理。

（2）精馏（精制）系统流程简述　从氧化塔来的氧化液进入氧化液蒸发器（E201），醋酸等以气相去高沸塔（T201），蒸发温度为 120～130℃。蒸发器上部装有四块大孔筛板，用回收醋酸喷淋，减少蒸发气体中夹带催化剂和胶状聚合物等，以免堵塞管道和蒸馏塔塔板。醋酸锰和多聚物等不挥发物质留在蒸发器底部，定期排入高沸物贮罐（V202），一部分去催化剂系统循环使用。

高沸塔常压蒸馏，塔釜液为含醋酸 90% 以上的高沸物混合物，排入高沸物贮罐，去回收塔 (T205)。塔顶蒸出醋酸和全部低沸点组分 (乙醛、酯类、水、甲酸等)。回流比为 1∶1，醋酸和低沸物去低沸塔 (T202) 分离。

低沸塔也常压蒸馏，回流比为 15∶1，塔顶蒸出低沸物和部分醋酸，含酸 70%～80%，去脱水塔 (T203)。

低沸塔釜的醋酸已经分离了高沸物和低沸物，为避免铁离子和其他杂质影响质量。在成品蒸发器(E206)中再进行一次蒸发，经冷却后成为成品，送进成品贮罐(V402)。

脱水塔同样常压蒸馏，回流比为20∶1，塔顶蒸出水和酸、醛、酯类，其中含酸<5%，去甲酯回收塔(T204)回收甲酯。塔中部甲酸的浓集区侧线抽出甲酸、醋酸和水的混合酸，由侧线液泵(P206)送至混酸贮罐(V405)。塔釜为回收酸，进入回收贮罐(V209)。

脱水塔顶蒸出的水和酸、醛、酯进入甲酯塔回收甲酯，甲酯塔常压蒸馏，回流比为8.4∶1。塔顶蒸出含86.2%(质量分数)的醋酸甲酯，由P207泵送往甲酯罐(V404)塔底。含酸废水放入中和池，然后去污水处理厂。正常情况下进一回收罐，装桶外送。

含大量酸的高沸物由高沸物输送泵(P202)送至高沸物回收塔(T205)回收醋酸，常压操作，回流比为1∶1。回收醋酸由泵P211送至脱高沸塔T201，部分回流到T205，塔釜留下的残渣排入高沸物贮罐V406装桶外销。

三、主要设备、仪表

主要设备如表6-10所示。

表6-10 主要设备一览表

设 备 位 号	设 备 名 称	设 备 位 号	设 备 名 称
P101A	离心泵A（工作泵）	V101	带压液体贮罐
P101B	离心泵B（备用泵）		

任务一　冷态开车操作实训

一、氧化工段

1. 准备工作

（1）开工应具备的条件如下：

① 检修过的设备和新增的管线，必须经过吹扫、气密、试压、置换合格（若是氧气系统，还要脱酯处理）；

② 电气、仪表、计算机、联锁、报警系统全部调试完毕，调校合格、准确好用；

③ 机电、仪表、计算机、化验分析具备开工条件，值班人员在岗；

④ 备有足够的开工用原料和催化剂。

（2）引公用工程。

（3）N_2吹扫、置换气密。

（4）系统水运试车。

2. 酸洗反应系统

（1）将尾气吸收塔T103的放空阀V45打开，从罐区V402（开阀V57）将酸送入V102中，而后由泵P102向第一氧化塔T101进酸，T101见液位（约为2%)后停泵P102，停止进酸。"快速灌液"说明：向T101灌乙酸时，选择"快速灌液"按钮，在LIC101有液位显示之前，灌液速度加速10倍，有液位显示之后，速度变为正常；对T102灌酸时类似。使用"快速灌液"只是为了节省操作时间，但并不符合工艺操作原则，由于是局部加速，有可能造成液体总量不均衡，为保证正常操作，将"快速灌液"按钮设为一次有效性，即只能对该按钮进行一次操作，操作后，按钮消失；如果一直不对该按钮操作，则在循环建立后，该按钮也消失。该加速过程只对"酸洗"和"建立循环"有效。

(2) 开氧化液循环泵 P101，循环清洗 T101。

(3) 用 N_2 将 T101 中的酸经塔底压送至第二氧化塔 T102，T102 见液位后关来料阀停止进酸。

(4) 将 T101 和 T102 中的酸全部退料到 V102 中，供精馏开车。

(5) 重新由 V102 向 T101 进酸，T101 液位达 30%后向 T102 进料，精馏系统正常出料，建立全系统酸运大循环。

3. 全系统大循环和精馏系统闭路循环

(1) 氧化系统酸洗合格后，要进行全系统大循环：

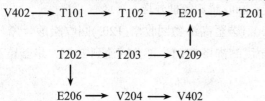

(2) 在氧化塔配制氧化液和开车时，精馏系统需闭路循环。脱水塔 T203 全回流操作，成品醋酸泵 P204 向成品醋酸贮罐 V402 出料，P402 将 V402 中的酸送到氧化液中间罐 V102，由氧化液输送泵 P102 送往氧化液蒸发器 E201 构成下列循环（属另一工段），等待氧化开车正常后逐渐向外出料。

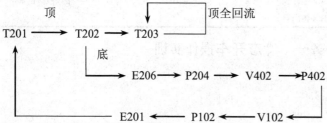

4. 第一氧化塔配制氧化液

向 T101 中加醋酸，见液位后（LIC101 约为 30%），停止向 T101 进酸。向其中加入少量醛和催化剂，同时打开泵 P101A（或 P101B）打循环，开 E102A 通蒸汽为氧化液循环液通蒸汽加热，循环流量保持在 700000kg/h（通氧前），氧化液温度保持在 70~76℃，直到浓度符合要求（醛含量约为 7.5%）。

5. 第一氧化塔投氧开车

(1) 开车前联锁投入自动。

(2) 投氧前氧化液温度保持在 70~76℃，氧化液循环量 FIC104 控制在 700000kg/h。

(3) 控制 $FIC101 N_2$ 流量为 $120 m^3/h$。

(4) 按如下方式通氧：

① 用 FIC110 小投氧阀进行初始投氧，氧量小于 $100 m^3/h$ 开始投。

首先特别注意两个参数的变化：LIC101 液位上涨情况；尾气含氧量 AIAS101 三块表是否上升。其次，随时注意塔底液相温度、尾气温度和塔顶压力等工艺参数的变化。如果液位上升停止然后下降，同时尾气含氧稳定，说明初始引发较理想，可逐渐提高投氧量。

② 当 FIC110 小调节阀投氧量达到 $320 m^3/h$ 时，启动 FIC114 调节阀，在 FIC114 增大投氧量的同时减小 FIC110 小调节阀投氧量直到关闭。

③ FIC114 投氧量达到 $1000 m^3/h$ 后，可开启 FIC113 上部通氧，FIC113 与 FIC114 的投

氧比为 1：2。

原则要求：投氧量在 0～400m³/h 之内时，投氧要慢，如果吸收状态好，要多次小量增加氧量，400～1000m³/h 之内，如果反应状态好要加大投氧幅度，特别注意尾气的变化及时加大 N_2 量。

④ T101 塔液位过高时要及时向 T102 塔出料。当投氧量到 400m³/h 时，将循环量逐渐加大到 850000kg/h；当投氧量到 1000m³/h 时，将循环量加大到 1000m³/h。循环量要根据投氧量和反应状态的好坏逐渐加大，同时根据投氧量和酸的浓度适当调节醛和催化剂的投料量。

（5）调节方式如下：

① 将 T101 塔顶保安 N_2 开到 120m³/h，氧化液循环量 FIC104 调节为 500000～700000kg/h，塔顶 PIC109A（或 PIC109B）控制为正常值 0.2MPa。将氧化液冷却器 E102A 和 E102B 中的一台 E102A 改为投用状态，调节阀 TIC104B 备用。关闭 E102A 的冷却水，通入蒸汽给氧化液加热，使氧化液温度稳定在 70~76℃。调节 T101 塔液位为 25%±5%，关闭出料调节阀 LIC101，按投氧方式以最小量投氧，同时观察液位、气液相温度及塔顶、尾气中含氧量变化情况。当液位升高至 60%以上时需向 T102 塔出料降低液位。当尾气含氧量上升时要加大 FIC101 氮气量，若氧含量继续上升达到 5%（体积分数），则打开 FIC103 旁路氮气，并停止提氧。若液位下降一定量后稳定，尾气含氧量下降为正常值后，氮气调回 120m³/h 时，含氧量仍小于 5%并有回降趋势，液相温度上升快，气相温度上升慢，有稳定趋势，则此时小量增加通氧量，同时观察各项指标，若正常，则继续适当增加通氧量，直至正常。

待液相温度上升至 84℃时，关闭 E102A 加热蒸汽。

当投氧量达到 1000m³/h 以上，且反应状态稳定或液相温度达到 90℃时，关闭蒸汽，开始投冷却水。开 TIC104A，开水速度应缓慢，注意观察气、液相温度的变化趋势，当温度稳定后再提投氧量。投水要根据塔内温度勤调，不可忽大忽小。在投氧量增加的同时，要对氧化液循环量进行适当调节。

② 投氧正常后，取 T101 氧化液进行分析，调整各项参数，稳定一段时间后，根据投氧量按比例投醛、投催化剂。液位控制为 35%±5%向 T102 出料。

③ 在投氧后，如果来不及反应或吸收不好，液位升高不下降或尾气含氧量增高到 5%时，关小氧气，增大氮气量后，若液位继续上升至 80%或含氧量继续上升至 8%，则联锁停车，继续加大氮气量，关闭氧气调节阀。取样分析氧化液成分，确认无问题时，再次投氧开车。

6. 第二氧化塔投氧

（1）待 T102 塔见液位后，向塔底冷却器内通蒸汽保持氧化液温度在 80℃，控制液位在 35%±5%，并向蒸馏系统出料。取 T102 塔氧化液分析。

（2）T102 塔顶压力 PIC112 控制在 0.1MPa，塔顶氮气 FIC105 保持在 90m³/h。由 T102 塔底部进氧口，以最小的通氧量投氧，注意尾气含氧量。在各项指标不超标的情况下，通氧量逐渐加大到正常值。当氧化液温度升高时，表示反应在进行。停蒸汽开冷却水 TIC105、TIC106、TIC108、TIC109，使操作逐步稳定。

7. 吸收塔投用

（1）打开 V49，向塔中加工艺水湿塔；

（2）开阀 V50，向 V105 中备工艺水；

（3）开阀 V48，向 V103 中备料（碱液）；

(4) 在氧化塔投氧前开 P103A（或 P103B）向 T103 中投用工艺水；

(5) 投氧后开 P104A（或 P104B）向 T103 中投用吸收碱液；

(6) 当工艺水中醋酸含量达到 80% 时，开阀 V51 向精馏系统排放工艺水。

8. 氧化塔出料

当氧化液符合要求时，开 LIC102 和阀 V44 向氧化液蒸发器 E201 出料。用 LIC102 控制出料量。

二、精制工段

1. 引公用工程
2. N_2 吹扫、置换气密
3. 系统水运试车
4. 酸洗反应系统
5. 精馏系统开车

（1）进酸前各台换热器均投入循环水；

（2）开各塔加热蒸汽，预热到 45℃ 开始由 V102 向氧化液蒸发器 E201 进酸，当 E201 液位达 30% 时，开大加热蒸汽，出料到高沸塔 T201；

（3）当 T201 液位达 30% 时，开大加热蒸汽，当高沸塔凝液罐 V201 液位达 30% 时启动高沸塔回流泵 P201 建立回流，稳定各控制参数并向低沸塔 T202 出料；

（4）当 T202 液位达 30% 时，开大加热蒸汽，当低沸塔凝液罐 V203 液位达 30% 时启动低沸物回流泵 P203 建立回流，并适当向脱水塔 T203 出料；

（5）当 T202 塔各操作指标稳定后，向成品醋酸蒸发器 E206 出料，开大加热蒸汽，当醋酸贮罐 V204 液位达 30% 时启动成品醋酸泵 P204 建立 E206 喷淋，产品合格后向罐区出料；

（6）当 T203 液位达 30% 后，开大加热蒸汽，当脱水塔凝液罐 V205 液位达 30% 时启动脱水塔回流泵 P205 全回流操作，关闭侧线采出及出料。塔顶要在（82±2）℃时向外出料。侧线在（110±2）℃时取样分析出料。

6. 全系统大循环和精馏系统闭路循环

（1）氧化系统酸洗合格后，要进行全系统大循环：

V402 ⟶ T101 ⟶ T102 ⟶ E201 ⟶ T201

T202 ⟶ T203 ⟶ V209

E206 ⟶ V204 ⟶ V402

（2）在氧化塔配制氧化液和开车时，精馏系统需闭路循环。脱水塔 T203 全回流操作，成品醋酸泵 P204 向成品醋酸贮罐 V402 出料，P402 将 V402 中的酸送到氧化液中间罐 V102，由氧化液输送泵 P102 送往氧化液蒸发器 E201 构成下列循环，等待氧化开车正常后逐渐向外出料。

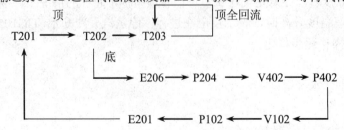

7. 第一氧化塔投氧开车
8. 第二氧化塔投氧
9. 系统正常运行

任务二　正常停车操作实训

一、氧化工段

1. 正常停车

（1）将 FIC102 切至手动，关闭 FIC102，停醛；

（2）逐步将 FIC114 进氧量下调至 1000m³/h。注意观察反应状况，当第一氧化塔 T101 中醛的含量降至 10% 以下时，立即关闭 FIC114、FICSQ106，关闭 T101、T102 进氧阀；

（3）开启 T101、T102 塔底排，逐步退料到 V102 罐中，送精馏处理，停 P101 泵，将氧化系统退空。

2. 事故停车

事故停车主要是指装置在运行过程中出现的仪表和设备上的故障而引起的被迫停车。采取的措施如下：

（1）首先关掉 FICSQ102、FIC112、FIC301 三个进物料阀，然后关闭进氧、进醛线上的塔壁阀；

（2）根据事故的起因控制进氮量的多少，以保证尾气中含氧量小于 5%（体积分数）；

（3）逐步关小冷却水直到塔内温度降为 60℃，关闭冷却水 TIC104A（或 TIC104B）；

（4）第二氧化塔关冷却水时由下而上逐个关掉并保温 60℃。

二、精制工段

1. 正常停车

（1）氧化系统停车

（2）精馏系统停车　将氧化液全部吃净后，精馏系统开始停车。

① 当 E201 液位降至 20% 时，关闭 E201 蒸汽。当 T201 液位降至 20% 以下时，关闭 T201 蒸汽，关 T201 回流，将 V201 内物料全部打入 T202 后停 P201 泵，将 V202、E201、T201 内物料由 P202 泵全部送往 T205 内，再排向 V406 罐。关闭 T201 底排。

② 待物料蒸干后，停 T202 加热蒸汽，关闭 LIC205 及 T202 回流，停 E206 喷淋 FIC214。将 V203 内物料全部打入 T203 塔后，停 P203 泵。

③ 将 E206 蒸干后，停其加热蒸汽，将 V204 内成品酸全部打入 V402 后停 P204 泵，并关闭全部阀门。

④ 停 T203 加热蒸汽，关其回流，将 V205 内物料全部打入 T204 塔后，停 P205 泵，将 V206 内混酸全部打入 V405 后停 P206。T203 塔内物料由再沸器倒淋装桶。

⑤ 停 T204 加热蒸汽，关其回流，将 V207 内物料全部打入 V404 后停 P207 泵。T204 塔内废水排向废水罐。

⑥ 停 T205 加热蒸汽，将 V209 内物料由 P209 泵打入 T205，然后全部排向 V406 罐。

⑦ 蒸馏系统的物料全部退出后，进行水蒸馏。

（3）催化剂系统停车

（4）罐区系统停车

（5）水运清洗

（6）停部分公用工程：循环水、蒸汽

（7）氮气吹扫

2. 事故停车

主要是指装置在运行过程中出现的仪表和设备上的故障而引起的被迫停车。采取的措施如下：

（1）首先关掉 FIC102、FIC103、FIC106 三个进物料电磁阀，然后关闭进氧、进醛线上的塔壁阀；

（2）根据事故的起因控制进氮量的多少，以保证尾气中含氧小于 5%（体积分数）；

（3）逐步关小冷却水直到塔内温度降为 60℃，关闭冷却水 TIC104A（或 TIC104B）；

（4）第二氧化塔关冷却水时由下而上逐个关掉并保温 60℃。

任务三　正常工况与事故处理操作实训

一、正常工况操作实训

1. 氧化工段

控制指标表见表6-11。

表 6-11　控制指标表

序号	名　称	仪表信号	单　位	控制指标	备　注
1	T101 压力	PIC109A（PIC109B）	MPa	0.19±0.01	
2	T102 压力	PIC112A（PIC112B）	MPa	0.1±0.02	
3	T101 底温度	TI103A	℃	77±1	
4	T101 中温度	TI103B	℃	73±2	
5	T101 上部液相温度	TI103C	℃	68±3	
6	T101 气相温度	TI103E	℃	与上部液相温差大于 13℃	
7	E102 出口温度	TIC104A/B	℃	60±2	
8	T102 底温度	TI106A	℃	83±2	
9	T102 温度	TI106B	℃	85～70	
10	T102 温度	TI106C	℃	85～70	
11	T102 温度	TI106D	℃	85～70	
12	T102 温度	TI106E	℃	85～70	
13	T102 温度	TI106F	℃	85～70	
14	T102 温度	TI106G	℃	85～70	
15	T102 气相温度	TI106H	℃	与上部液相温差大于 15℃	
16	T101 液位	LIC101	%	35±15	
17	T102 液位	LIC102	%	35±15	
18	T101 加氮量	FIC101	m^3/h	150±50	
19	T102 加氮量	FIC105	m^3/h	75±25	

分析项目见表6-12。

表 6-12 分析项目表

序号	名 称	位 号	单位	控制指标	备 注
1	T101 出料含醋酸	AIAS102	%	92~95	
2	T101 出料含醛	AIAS103	%	<4	
3	T102 出料含醋酸	AIAS104	%	>97	
4	T102 出料含醛	AIAS107	%	<0.3	
5	T101 尾气含氧	AIAS101A、AIAS101B、AIAS101C	%	<5	
6	T102 尾气含氧	AIAS105	%	<5	
7	T103 中含醋酸	AIAS106	%	<80	

2. 精制工段

工艺参数运行指标见表6-13。

表 6-13 工艺参数运行指标表

序号	名 称	仪表信号	单 位	控制指标	备 注
1	V101 氧气压力	PIC106	MPa	0.6±0.05	
2	V502 氮气压力	PIC515	MPa	0.50±0.05	
3	T101 压力	PIC109A、PIC109B	MPa	0.19±0.01	
4	T102 压力	PIC112A、PIC112B	MPa	0.1±0.02	
5	T101 底温度	TR103-1	℃	77±1	
6	T101 中温度	TR103-2	℃	73±2	
7	T101 上部液相温度	TR103-3	℃	68±3	
8	T101 气相温度	TR103-5	℃		与上部液相温差大于3℃
9	E102 出口温度	TIC104A、TIC104B	℃	60±2	
10	T102 底温度	TR 106-1	℃	83±2	
11	T102 各点温度	TR 106-1-7	℃	85~70	2≥1>3>4>5>6>7
12	T102 气相温度	TR 106-8	℃		与上部液相温差大于15℃
13	T101、T102 尾气含氧量		%	<5	体积分数
14	T101、T102 出料过氧酸		%	<0.4	质量分数
15	T101 出料含醋酸		%	92.0~95.0	质量分数
16	T101 出料含醛		%	2.0~4.0	质量分数
17	氧化液含锰		%	0.10~0.20	
18	T102 出料含醋酸		%	>97	质量分数
19	T102 出料含醛		%	<0.3	质量分数
20	T102 出料含甲酸		%	<0.3	质量分数
21	T101 液位	LIC 101	%	40±10	现为 35±15
22	T102 液位	LIC102	%	35±15	
23	T101 加氮量	FIC101	m³/h(标准状态)	150±50	
24	T102 加氮量	FIC105	m³/h(标准状态)	75±25	
25	原料配比			1m³O₂(标准状态):3.5~4kg CH₃CHO	

续表

序号	名称	仪表信号	单位	控制指标	备注
26	界区内蒸汽压力	PIC503	MPa	0.55±0.05	
27	E201压力	PI202	MPa	0.05±0.01	
28	E206出口压力		MPa	0±0.01	
29	E201温度	TR201	℃	122±3	
30	T201顶温度	TR201-4	℃	115±3	
31	T201底温度	TR201-6	℃	131±3	
32	T202顶温度	TR204-1	℃	109±2	
33	T202底温度	TR204-3	℃	131±2	
34	T203顶温度	TR207-4	℃	82±2	目前
35	T203侧线温度	TR207-4	℃	100±2	目前
36	T203底温度	TR207-3	℃	130±2	目前
37	T204顶温度	TR211-1	℃	63±5	
38	T204底温度	TR211-3	℃	105±5	
39	T205顶温度	TR211-4	℃	120±2	
40	T205底温度	TR211-6	℃	135±5	
41	T202釜出料含酸		%	>99.5	质量分数
42	T203顶出料含酸		%	<8.0	质量分数
43	T204顶出料含酯		%	>70.0	质量分数
44	各塔、中间罐的液位		%	30~70	
45	V401A、V401B压力	PI401A、PI401B	MPa	0.4±0.02	
46	V401A、V401B液位	II401A、II401B	%	50±25	
47	V402温度	TI402A-E	℃	35±15	
48	V402液位	LI402A-E	%	10~80	
49	V401A V401B温度	TI401A、TI401B	℃	<35	

分析项目见表6-14。

表6-14 分析项目表

序号	名称	单位	控制指标	备注
1	P209回收醋酸	%	>98.5	
2	T203侧采含醋酸	%	50~70	
3	T204顶采出料含乙醛	%	12.75	
4	T204顶采出料含醋酸甲酯	%	86.21	
5	成品醋酸P204出口含醋酸	%	>99.5	

二、事故处理操作实训

事故处理表见表6-15。

表6-15 事故处理表

序号	现象	原因	处理方法
1	P204成品取样 KMn_2O_4 时间<5h	① T202塔顶出料量少; ② T202塔盘脱落; ③ 氧化液含醛高; ④ 分析样不准;	① 调节T202塔顶出料量; ② 请示领导停车检查维修; ③ 通知班长,降低氧化液含醛量,调整操作; ④ 通知调度检查

续表

序号	现象	原因	处理方法
2	P204 成品取样带颜色	① T201 塔底温度高,排量少或回流量过少或液位高; ② T201 液位超高造成憋压,影响 T201 塔操作平稳; ③ E206 液位超高,底排量少,喷淋量少;	① 调节 T201 底排量及回流量,检查降低塔釜液位; ② 减少 E201 进料,向 V202 中 p 拥[料,降低 E201 液位,调整操作直到正常; ③ 检查降低 E206 液位,调整底排量和喷淋量
3	T201 塔顶压力逐渐升高,反应液出料及温度正常,E201 塔出料不畅	T201 塔放空调节阀失控或损坏	① 将 T201 塔出料手控调节阀旁路降压; ② 控制进料; ③ 控制温度; ④ 采取其他措施
4	T201 塔内温度波动大,其他方面正常	冷却水阀调节失灵	① 手动调节冷却水阀; ② 通知仪表检查; ③ 控制蒸汽阀; ④ 控制进料
5	T201 塔液面波动较大,无法自控	蒸汽加热自动调节失灵	① 手动控制调节阀; ② 手动控制冷却水阀; ③ 控制回流量

思考与分析

1. 简述生产醋酸的主要原料、辅料,醋酸的性质和用途。
2. 醋酸生产共有几个工段,其中氧化工段所用的催化剂,每个工段的主要设备是什么?
3. 写出氧化工段的主反应和副反应方程式。
4. 请解释醋酸精制的工艺原理。
5. 根据自己在各项开车过程中的体会,对本工艺过程提出自己的看法。

参 考 文 献

[1] 吴重光. 仿真技术[M]. 北京：化学工业出版社，2000.
[2] 吴重光. 化工仿真实习指南[M]. 北京：化学工业出版社，2004.
[3] 陈群. 化工仿真操作实训[M]. 北京：化学工业出版社，2008.
[4] 鲁明休，罗安. 化工过程控制系统[M]. 北京：化学工业出版社，2006.
[5] 刘振和. 化工生产技术[M]. 北京：高等教育出版社，2007.